SOLVABLE
複雜問題 簡單解決

三步驟循序漸進，就能做出好決策

A SIMPLE SOLUTION TO COMPLEX PROBLEMS

Arnaud Chevallier 阿爾諾・謝瓦里耶　Albrecht Enders 阿爾布雷特・恩德斯
著

王曼璇——譯

複雜問題簡單解決：三步驟循序漸進，就能做出好決策

Solvable: A Simple Solution to Complex Problems

作　　者　阿爾諾・謝瓦里耶（Arnaud Chevallier）、阿爾布雷特・恩德斯（Albrecht Enders）
譯　　者　王曼璇
責任編輯　夏于翔
協力編輯　周書宇
內頁構成　周書宇
封面美術　兒日

總 編 輯　蘇拾平
副總編輯　王辰元
資深主編　夏于翔
主　　編　李明瑾
業　　務　王綬晨、邱紹溢、劉文雅
行　　銷　廖倚萱
出　　版　日出出版
地址：231030 新北市新店區北新路三段 207-3 號 5 樓
電話：02-8913-1005　傳真：02-8913-1056
網址：www.sunrisepress.com.tw
E-mail 信箱：sunrisepress@andbooks.com.tw
發　　行　大雁出版基地
地址：231030 新北市新店區北新路三段 207-3 號 5 樓
電話：02-8913-1005　傳真：02-8913-1056
讀者服務信箱 : andbooks@andbooks.com.tw
劃撥帳號 :19983379　戶名：大雁文化事業股份有限公司

印　　刷　中原造像股份有限公司
初版一刷　2024 年 1 月
初版二刷　2024 年 4 月
定　　價　520 元
I S B N　978-626-7382-59-2

國家圖書館出版品預行編目 (CIP) 資料

複雜問題簡單解決 : 三步驟循序漸進 , 就能做出好決策 / 阿爾諾 . 謝瓦里耶 (Arnaud Chevallier), 阿爾布雷特 . 恩德斯 (Albrecht Enders) 著 ; 王曼璇譯 . -- 初版 . -- 新北市 : 日出出版 : 大雁出版基地發行 , 2024.01 , 320 面 ; 17x23 公分
譯自 : Solvable : a simple solution to complex problems
ISBN 978-626-7382-59-2(平裝)
1.CST: 決策管理

494.1　　112021340

致Leslie，我最大的支持者。謝謝你的大力支持！（阿爾諾）

致Kim、Megan、Julia、Max，謝謝你們溫柔地鼓勵我重新框架生活。（阿爾布雷特）

各方盛讚

「企業的核心就是解決問題，而企業所面對的問題種類日漸複雜且難以定義。為了解決問題，我們越來越需要清楚地知道該如何妥善處理這些問題，磨練『解決問題的技能』。本書作者提出易於上手且實際的架構，涵蓋解決問題的完整過程，包括：框架、評估、決策、參與與實踐。這是最適合放進所有管理者錦囊裡的一大利器。」——**馬丁・瑞夫斯（Martin Reeves），BCG 亨德森研究所（BCG Henderson Institute）董事長**

「本書以實證為基礎，是一本幫助讀者做出好決策的指南。在充滿不確定性的世界中，要做出好決策其本質就是反思證據。這本書引領讀者走過反思的過程——思考如何做出決策、要注意什麼、過程中如何抓住必要資源。一步一步走，列出以實證為基礎的過程，審視決策（以及待解決的問題）、匯集資訊、做出決策、實際執行。在本書中滿滿都是當代決策中好的、不好的，以及可怕的案例，藉此建立決策者的信心與能力。我向我的學生和同事大力讚揚這本書！」——**丹妮絲・魯梭（Denise M. Rousseau），卡內基梅隆大學亨氏管理學院（H. J. Heinz II University）組織行爲與公共政策教授・亨氏管理學院及泰博商學院（Tepper School of Business）實證組織實踐計畫總主持人**

「每位管理者都努力為組織做出好決策，但是，有太多的謬誤、錯誤假設或過度簡化，阻礙了他們的能力！借助科學視野以及作者深厚的個人經驗，謝瓦里耶與恩德斯帶領各位讀者走過解決複雜問題不可避免的三大步驟（框架、探索、決策）。簡而言之，這是一本適合在位且充滿抱負的管理者的『必讀之書』！」——**馬克・格魯伯（Marc Gruber），洛桑聯邦理工學院（École Polytechnique Fédérale de Lausanne）創業與科技商業化教授**

「無論是針對企業或更寬廣的人生，在本書中作者阿爾布雷特與阿爾諾為解決複雜問題的方法，提出了有效且直觀的架構。但對我來說更有附加價值的部分，就像大多數頗具貢獻的商業書一樣，其收錄許多來自世界各地企業、政府、個人的真實案例，在這些案例中都是面對著緊迫又複雜的挑戰。失敗的真實案例是最適合當教材的，大推！」——**伊恩・查爾斯・史都華（Ian Charles Stewart），《連線》（*Wired*）雜誌共同創辦人**

「具備強大的問題解決能力至關重要，尤其當你面對的，是會對組織產生深遠且長久影響的複雜問題。本書提供全面且易於上手的方法，幫助你評估你所面臨的複雜問題。」——**喬丹・維格・納斯托普（Jørgen Vig Knudstorp），樂高（Lego）集團執行董事長**

「這是一本絕妙好書：實用性高、幽默詼諧、深度研究、文筆流暢，充滿令人印象深刻的故事與實際發生的案例。如果想要在工作與人生中成為頂尖的問題解決者，本書勢必一讀。」——**湯馬斯・維戴爾－維德斯柏（Thomas Wedell-Wedellsborg），《你問對問題了嗎？》（*What's Your Problem*）、《一如既往的創新》（*Innovation as Usual*，直譯）作者，哈佛商學院出版社出版**

「無論是決定職涯道路，還是開發新的醫學技術，人們清醒時的多數時間裡，總是在尋找和參與解決複雜且難以定義的問題。為了讓人們朝向更好的問題解決的空間邁進（並遠離次優干擾），作者提出系統化方式拓展解決問題的過程，巧妙地讓讀者進入書中淺顯易懂的文字、清楚的案例與科學證據中。這本書之對所有面臨現實世界難題的人，比如：革新者與開發者、員工與教育者、科學家與學生，皆有強烈的吸引力。」──**弗雷德・歐斯沃（Fred Oswald），萊斯大學（Rice University）心理科學系教授，以及賀伯特・歐崔（Herbert S. Autrey）社會科學系主任**

「作者簡化了龐大的人類判斷缺失的研究文獻，但沒有過度簡化，其成果就是這本非常實用的指南，改善我們在日常生活中解決問題與制定決策的技能。」──**菲利浦・泰特洛克（Philip Tetlock），賓州大學安南堡學院（Annenberg University, University of Pennsylvania）教授**

「想要在極度複雜的情況下做出好的決策，本書是極具價值的指南。作者謝瓦里耶及恩德斯提供許多引人入勝、有趣的案例，為組織思維與洞察力激發做出有益的導引。其中，英雄與惡龍的比喻就以很巧妙的方式描繪出『專注』之於挑戰的關鍵價值。」──**理查・魯梅特（Richard Rumelt），加州大學安德森管理學院（UCLA Anderson School of Management）榮譽教授、《好策略・壞策略》（*Good Strategy/Bad Strategy*）作者**

「世界幾乎在一夜之間改變了，這樣的改變不是一、兩年就會恢復的，而是永遠地改變——沒有人可以逆轉它。你需要得遠比預期得多，你需要懂得面對新世界的各種選項、準則、決策，所以讀讀這本書吧！」——**約科・卡維寧（Jouko Karvinen），芬蘭航空董事會主席**

「我相信本書對日常管理非常實用，它為那些會產生預期結果、重大及深遠影響的問題解決過程提供工具與支持，同時也對擁有開放心胸與改革思維的開發性組織領導者相當有幫助。從明智的回答到以『為什麼』或『如何』揭開問題起，本書幫助領導者掌握語言、語調、立場，讓他們的組織能發展出解決問題的能力，將今日的無法接受轉為明日的突破。」——**吉爾斯・摩爾（Gilles Morel），惠而浦企業歐洲、中東、非洲地區總裁兼惠而浦執行副總裁**

目錄

推薦序

刻意練習，反思每一次的決策過程

「能做出好決定」是一種需要刻意學習的技能，學習這種技能需要認真專注於某些基本原則。決策分為幾種基本類別，其中，「類別」決定了最有可能產出好結果的過程，而「反思結果」可以改善後續決策。

精進決策技能要隨著時間刻意地反覆練習，其過程就類似左圖這樣。儘管決策過程取決於考量後的決策分類，但所有複雜問題都會有幾個常見的共同特性。本書立基於產學界四十年來針對各組織解決問題的研究，幫助讀者管理組織中需要做出的決策。誠如本書作者阿爾諾·謝瓦里耶及阿爾布雷特·恩德斯告訴我們的，做出好決策的核心在於採用對的過程。這本書會帶著讀者走過決策過程中的每一個步驟，找出每種問題的最好解方。當資訊量很多、問題很相似時，我們很清楚怎麼做出好決策，但是當資訊有限、問題也很少見，或是介於兩者之間的決策類型時，我們該如何做出好的決策？這本書幫讀者理解如何應對資訊有限的情況、如何為你手上僅有的訊息以及你面對的不確定性，選擇一種最恰當的決策方式。

更重要的是，本書闡述了技術端與人員端解決問題的方法，提供循證方法的具體方式，同時這也是管理主要關係人的方式，因為他們的見解、想法、支持是達到目標所需的必要條件。

此外，由於解決複雜問題會處在不穩定的環境，我們必須採取「機率心態」（probabilistic mindset），隨著新證據的出現隨時更新我們的想法，而本書提供了實踐這件事的具體作法，將過程視為反覆更迭的事件。從科學管理到豐田生產系統，自早期的改善流程開始，大家已經知道如果想改善某個過程，首先要標準化，這表示你必須了解你做了什麼，所以產出現在這個結果。

反思就是關鍵，單憑經驗是不夠的，沒有經過腦

辨識出待解決的問題
決定適當的決策過程
實踐過程
評估結果
反思和學習

袋好好理解這個結果是如何、為什麼發生，就無法獲得這項進階技能。問問你自己和你的團隊，曾經做過怎樣的設想？這些設想如何影響後來發生的事？預想與實際發生之間有落差嗎？做了哪些原本可以有不同做法的事？

有了經驗與反饋，就能讓過程變得更好。這本思慮縝密的實用書從學術研究到實際作法，總結出一份整合的結論，有助於各位增進決策技能以及決策品質。

美國賓州匹茲堡卡內基梅隆大學教授
丹妮絲・魯梭（Denise M. Rousseau）

作者序

「好決策」與「壞決策」的天壤之別

數十年來，波音和空中巴士共享大部分的民航客機市場。一九六七年波音率先以波音737機型成為早期的領先者，二十年後空中巴士則以A320機型進入市場。隨後兩間公司都定期地更新機體，但是完整的檢修非常少見。空中巴士自一九八八年推出A320機型之後，都沒有更新過A320的設計，直到二〇一〇年才有進展；而波音最後一次更新則是在一九九七年，那是737的第三代737NG，當時已完成首航。

長期處於劣勢的空中巴士一直努力迎頭趕上，直到二〇一〇年十二月他們宣布已經祕密開發出一種更高效能版本的A320，稱為A320neo——是一種「新引擎選項」。新設計非常吸引人，耗油量比最新版本的波音少了六%。空中巴士的訂單如雪花般飛來，甚至把波音獨家配合的客戶美國航空都搶來了。與此同時，波音已經為「單走道客機」的未來規劃爭論了好幾個月，並在「更新主力737機型」與「推出新設計」之間搖擺不定，現在，則面臨了更緊張的市場壓力。沒多久，波音管理高層在幾週之內做出了決定，宣布他們會在最短時間內推出第四代 737，名為 737 MAX。

這個決策的影響非常重大。設計原版 737 時，當時許多機場都缺乏基礎建設，所以離地面比較近的飛機比較吸引人——登機時爬的梯數較少，進入貨區也比較方便。相較之下，空中巴士設計 A320 時已經沒有種種限制，可以設計出底盤較高的飛機。現在這個差異扮演著非常重要的角色，因為燃油效率較高的新引擎比早期的引擎大；說它夠小，但裝在 A320 上剛剛好，但也大到 737 需要進行結構調整，才能達到理想的離地距離。

這些調整影響操作，在某些情況下可能導致飛機朝天空傾斜，有半空失速的風險。不過，波音利用軟體解決這個問題，那是一個自動系統，名為「操控特性增益系統」（MCAS, Maneuvering Characteristics Augmentation System）。當系統感應到即將失速時，該系統就會把機頭推向地面。有了這個解決方案，波音很快就投入生產，737 MAX 也在二〇一六年一月迎來首次商業航班。設計和生產都創下最短紀錄，這是波音針對空中巴士 A320neo 做出的回應。好一陣子看來，波音似乎完成了不可能的任務。

然而，經歷二〇一八年及二〇一九年兩次災難性空難，737 MAX 被全球各地監管單位勒令禁飛。調查顯示，操控特性增益系統會在沒有飛行員操作下自動啟動；此外他們也發現，波音公司為了不增加訓練成本，避免轉換到 737 MAX 時飛行員必須重新取得認證，波音公司選擇不告知飛行員有該系統，也不說明如何解除系統。操控特性增益系統很快就被捲入空難事件，而致命的設計瑕疵也浮出水面。

波音沒有在「改善現有機身」與「開發新機型」之間做出選擇，管理層做出另一個選擇，非常隱晦——也就是什麼都不做，漸漸地這讓波音公司陷入困境。當空中巴士的 A320neo 問世時，波音選擇了快速、便宜又高品質的開發週期路線，不幸的是，這三種條件都沒有達成。

序章 解決問題的旅程

讓我們把「問題」定義為你的「所在之處」與你的「想去之處」之間的差距。有問題不一定是壞事，也有可能是一個機會。

在家庭生活中，你可能會和配偶謹慎考量要在哪裡置產、在哪裡度過退休生活、要買哪輛車；在商業環境中，你可能會想選擇一個企業資源規劃（ERP）平臺、決定是否要併購競爭者、研究該如何因應政府設立的關稅挑戰，或者更實際點，思考該如何制定競爭對手瓜分市場占有率的最新計畫。由此可見，問題無所不在，無論作為組織中的個體或管理者，總是在面對各種問題。

本書會提供一個結構化的流程，並透過這些步驟帶你解決複雜問題。各位將學習如何框架出你的問題、探索潛在的解決方案，並在權衡之後決定哪一種方案更為合適。本書內容立基於我們教授數百名高階管理人員之後的經驗和反饋，其中有很多實戰工具，例如案例研究

（case study），其次，也因為我們面對的絕大多數問題都要有目的性地與「主要關係人」保持聯繫，所以本書也提供許多具體作法來告訴各位：該如何與主要厲害關係人互動交流。

在本章，各位會了解為什麼值得成為一個好的解決問題者，且為什麼這不是件容易的事，而你可以做些什麼來增進解決問題的技巧。

好的問題解決者總是受歡迎卻很少見

從世界經濟論壇（World Economic Forum）到麥肯錫公司（McKinsey），其普遍共識是「解決問題」是最重要的技巧[1]。解決問題的技巧經常位列於最想擁有的技能之一，甚至超前於其他重要技能，例如：溝通能力或處理歧義的能力。

然而，尤其在商業教育中，並沒有教導學生該如何具備良好的問題解決技能[2]，這也是為什麼當雇主們說難以找到具備這些能力的員工時[3]，我們一點都不意外。為此，成為一位更好的問題解決者，能使你受歡迎的程度突飛猛進。

解決複雜問題十分困難

既然解決問題技能的需求量這麼大，為什麼人們不好好精進這項技能呢？關鍵原因是，學習管理階層要解決的問題——也就是複雜問題[4]，絕不是件容易的事。在深入了解之前，我們先退一步看看。

根據我們對問題的定義（現況與理想狀況之間的差距），發現人們花費大多數清醒的時間來解決問題：從早上選擇要穿哪一雙襪子，到採取新策略來「孤注一擲」等。

由於生活中總是有很多很多的問題，因此本書將專注於其中一個分

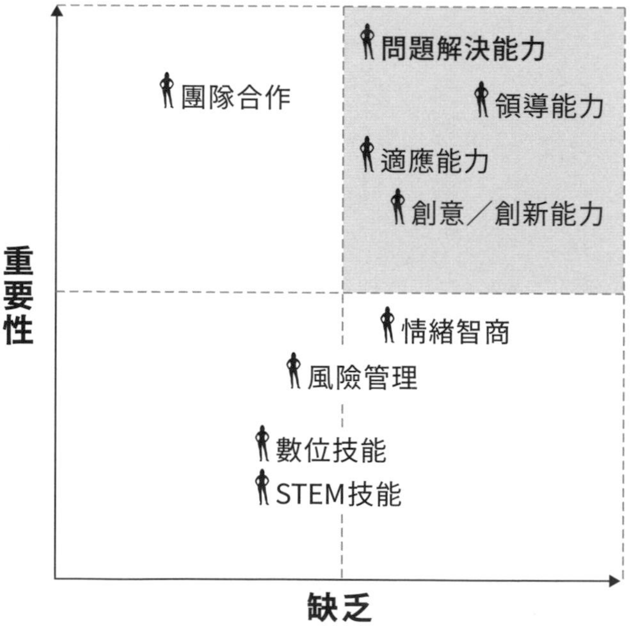

（改編自2017 PWC年度報告）

類，就是所謂的「CIDNI 問題」，它們有三種特性：

- **複雜（Complex，簡稱 C）**意指面對問題過程中所面臨的現況、理想狀態和障礙，是既多樣多變、持續變動，又相互依賴或無法一目了然[5]。我們明年的獲利能力如何？嗯，一方面要看營收，另一方面又要看成本多少。舉例來說，關掉某間門市就會減少成本（太棒了！），但也可能會減少營收，所以營收與成本是相互依賴的關係。
- **無法定義（Ill-defined，簡稱 ID）**意指現況與最終情況並不明朗，所以過程中可能還會有其他障礙[6]。這個問題既可能完全無解，且通常也沒有「正確」的解決方案。無法定義的問題通常是較為獨特的，而構成其最佳解決方案的某部分是主觀的——對，我們也許都會同意應該推出高品質又平價的商品，但對於這兩種屬性判定的重要性不同，以致對最佳解決方案的意見出現了分歧。
- **不急迫但重要（Non-immediate but important，簡稱 NI）**意指不需要現在立刻想出一個解決方案，我們有好幾天、好幾週、甚至好幾個月的時間想出一個解決方案，所以可以依據系統化過程來處理問題。換句話說，最終所選的方案品質，遠比我們多快能找出問題並解決它來得更重要。

一般來說，CIDNI 的問題[7]沒有明顯的優先解決方案，與此相對，它們需要根據「對我們來說都很重要的各種準則」來權衡各種可行方案的利與弊。因此，解決複雜問題是涉及大量不確定性及風險的主觀實踐。

當我們嘗試獨自解決問題時，不僅權衡利弊已非常困難，更別說通常還需要讓問題中的各種關係人參與其中，比如：配偶、子女、父母，或者同事、下屬及老闆——他們的想法不太可能達成一致。隨著越來越多人需要加入決策過程，問題就更複雜了。

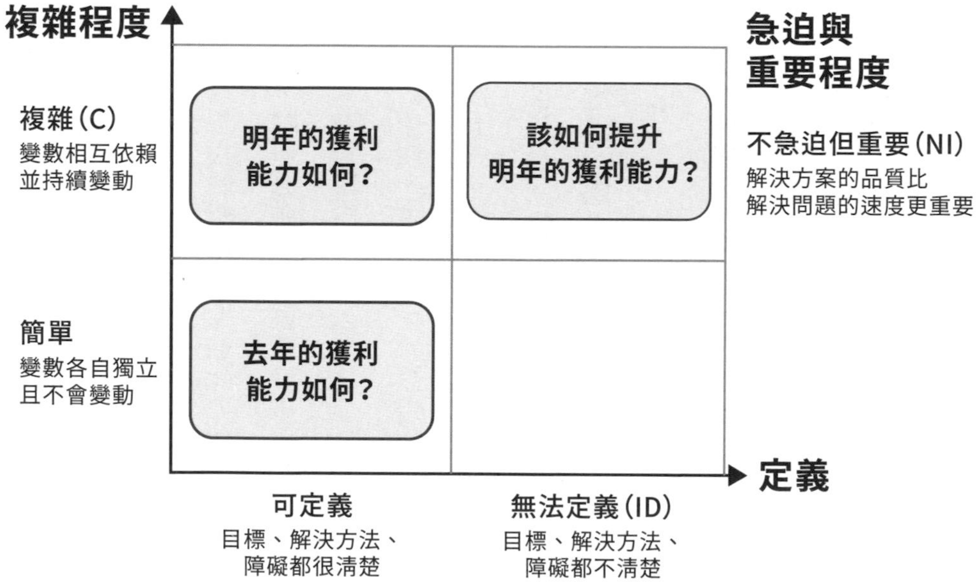

複雜程度
急迫與
重要程度
複雜（C）
變數相互依賴
並持續變動
明年的獲利
能力如何？
該如何提升
明年的獲利能力？
不急迫但重要（NI）
解決方案的品質比
解決問題的速度更重要
簡單
變數各自獨立
且不會變動
去年的獲利
能力如何？
定義
可定義
目標、解決方法、
障礙都很清楚
無法定義（ID）
目標、解決方法、
障礙都不清楚

凱特煩惱著該選擇哪一份新工作？

凱特是一間大型跨國消費品公司的業務部經理，正面臨著困難的職涯選擇。她已經在這間公司任職十五年，雖然一切都做得很好，但職業倦怠仍悄悄來襲。過去幾個月內她找到了其他公司的新職缺，有三個還不錯但不完全符合她的理想。在考慮時，她發現有幾個因素對她來說很重要：當然除了薪水，還有進修成長的機會、未來同事的素質，以及可能會需要為了新工作搬家。另外，她也必須把未婚夫列入考量，因為她重視另一半的意見，有對方的支持有助於她更好地面對新工作。

凱特的問題，就是我們在面對家庭與工作時的 CIDNI 典型案例，其複雜程度源於各部分之間的關聯性：薪資最好的工作位在她喜歡的區域以外。此外，這個問題的定義也不明確，因為凱特不清楚她究竟是比較重視有進修成長的機會？還是同事的素質？也不清楚未婚夫的偏好是否與她的一致。最後，雖然凱特正在面臨很重要的難題，她還是有時間可以想個透澈；也就是說，這個問題沒有急迫性。

沒有一體適用的解決方法

既然眼前難題的複雜程度千差萬別，就不該用同一個方法解決所有問題。對許多問題來說，投注一個複雜的解決方案沒有太大的意義。根據某項研究結果顯示，Netflix 觀看者平均花十八分鐘決定要看什麼節目，其中四十%的受訪者表示，他們想看的節目和另一半不同。[8]（在這種情況下，十八分鐘似乎也不算很久）。話雖如此，如果每天早上選襪子時都實施如此深入的分析，那麼在你感覺到「分析癱瘓」（paralysis by analysis）前，一天也就這樣過了，而所得的回報卻非常的少。

所以面對大部分問題時，我們最好仰賴日常生活、習慣、直覺來處理問題，心理學家稱之為「系統一思考」（System 1 Thinking）思考，其為大腦中的自動化迴路，可以讓我們快速又不費吹灰之力地獲取大量訊息（編按：亦即所謂的「直覺式思考」）。運用「系統一思考」，我們可以快速做出決定，不需受意識影響，而這種能力可能是從我們的祖先被各種長牙動物追趕時所演化而來——當時這樣的思考方式，真的是救人一命。在被基因庫淘汰之前，你只有幾次機會能問問自己附近草叢裡的聲響到底是兔子還是獅子；反之，若在腦海中有一個「現在馬上跑！」的自動化編碼功能，就能讓我們這個物種得以生存下去。

對大多數的日常選擇來說，使用「系統一思考」是最好的方式：讓我們在撞到前面那臺車之前就踩下煞車，不需要用到意識才能做出決定，因為直覺通常能給出最好的答案，而且反應非常快。正因為我們能仰賴「系統一思考」來處理很多細碎的決定，才能以合理的效率度過每一天。但是「系統一思考」的速度和其相對簡單的特性是有代價的：它不在乎做出決策的證據品質。這一點非常重要，因為當今的許多難題所面臨的挑戰，可能都比人類的神經思考和決策機制來得複雜許多。

諾貝爾經濟獎得主、以色列裔美國心理學家丹尼爾·康納曼（Daniel Kahneman）針對這一點做出強而有力的回應，他稱之為「WYSIATI」（眼見即為事實〔what you see is all there is〕）；最明顯的一點就是「系統一思考」容易讓我們受到各種認知偏誤（cognitive biase）的影響，而這個盲點會在解決複雜問題時一再出現。

常見的偏誤包括：

- **確認偏誤**（Confirmation bias）：會以證實現有想法的[9]方向去尋找、解釋資料數據。例如，當我們看到一間五星好評的餐廳，就會考慮無視其一星的評價。
- **維持現狀的偏誤**（Status-quo bias）：不想改變任何事，因為覺得其他所有途徑都會造成損失[10]。

- **偏誤盲點**（**Bias-blind spot**）**：**覺得自己的偏誤或偏見比別人少[11]。
- **錨定效應**（**Anchoring**）**：**進行決定時過度信賴最早取得的資訊，即使這個資訊完全無關[12]。

除此之外，還有很多，就分類學來說大約還有一百五十種偏誤，即使除去概念明顯重複的偏誤，至少還有一百種的偏誤[13]。

無論如何，處理複雜問題時不能盲目地相信直覺，如此，可能會導致我們掉入陷阱。「系統一思考」似乎只適合這些問題：你想得到一個好答案，即使錯了也不會付出太大成本，可以快速得到答案才是最重要[14]。但是，如果無法滿足這些條件，最好有意識地採取更謹慎、緩慢、比較費力的方式——我們需要運用「系統二思考」（System 2 Thinking。編按：亦即「邏輯式思考」）。

不過需要明確說明的是，「系統二思考」無法保證我們不帶任何偏誤。要一個人完全沒有偏見、偏誤非常困難，甚至很多人認為這是不可能的任務，但有了系統二思考，應該可以幫助我們「減少一點」偏誤[15]。

總之，面對複雜問題時我們必須保持專注，而這意味著必須「慢下來」，很簡單，對吧？嗯，差不多了。困難點在於「系統一思考」總是在我們無意識的情況下運作，畢竟這是我們面對生活瑣事時預設的方式，所以在意識到之前，我們已經用一串咒罵來「解決」問題，以致往往事後才後悔地想著：「我真的這麼說了嗎？」。

與此相對，運用「系統二思考」需要花費更多意識——它會要求我們停下來、思考，然後才能行動。儘管當我們一時衝動時，上述的過程聽起來又會更加困難，但如果我們沒有這麼做，「偏誤」就會全面接管我們的認知，從而承擔可能伴隨而來的負面結果[16]。

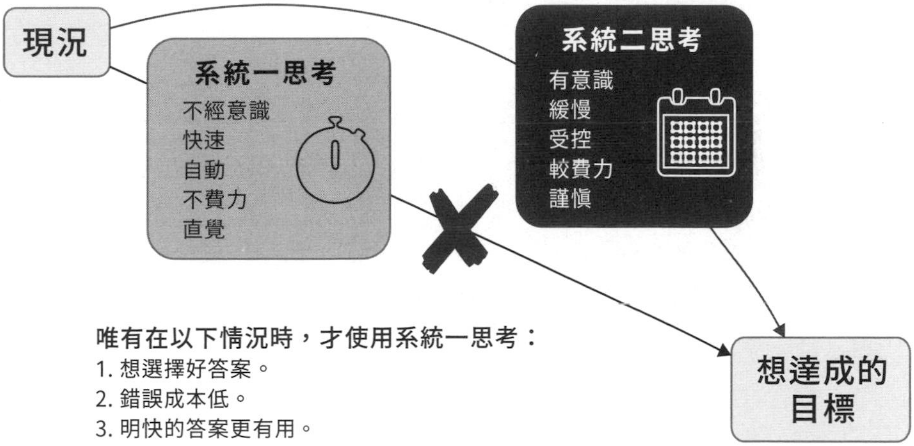
現況
系統一思考
不經意識
快速
自動
不費力
直覺
系統二思考
有意識
緩慢
受控
較費力
謹慎
唯有在以下情況時，才使用系統一思考：
1. 想選擇好答案。
2. 錯誤成本低。
3. 明快的答案更有用。
想達成的目標

（改編自2009年康納曼與克萊恩〔Klein〕；2003年伊凡斯〔Evans〕；2011年美國國家科學研究委員會〔National Research Council〕研究報告）

無法解決複雜問題的原因

解決問題的過程中，也有很多方法可能會失敗。我們在協助高階管理人士時，以下六個原因特別常見：

▼沒有妥善框架問題

框架問題表示要定義它是什麼、不是什麼；例如：是想要增加營收？還是想要提升獲利能力……？還是投資報酬率？儘管這三種框架都代表同一個主軸，但範圍並不相同。舉例來說，要把重心放在增加營收，表示不考慮降低成本，但提升獲利能力就表示把兩者一併都考慮進去。

針對複雜問題，要想有效框架問題比想像中的更加困難，因為「系統一思考」告訴我們，我們已經知道問題是什麼了：「不要再浪費時間反覆看無用的資訊了。」換言之，大腦裡的自動導航模式已開啟，所以「我們知道自己想要什麼，快點繼續吧」！然而，超越複雜問題表面的特性，通常別具意義，可以驗證我們看到的是疾病本身，而不僅只是症狀而已。這也是為什麼在第一章至第三章會花大量篇幅描述「框架問題的科學與藝術」，讓各位能對問題得到更深度的理解，並總結出一個能囊括所有問題的首要難題，也就是你的「任務」。

▼做出錯誤決策

根據麥肯錫公司的調查，七十二%的資深管理階層受訪者認為，在他們的組織中出現錯誤決策的次數和優良決策的次數一樣頻繁[17]。

在解決問題的過程中，有某個時刻我們必須「選擇」採取哪個方案，這也意味著我們要「捨棄」哪個方案。但是，做出選擇並不容易，我們經常看到管理階層已經覺得前路應該是什麼樣子，抱著先入為主的想法來到這個階段，也就是：他們會花大把精力推動自己預設的進程，而不是謹慎地研究解決方案——他們的提問是為了擁護自己的立場而非諮詢。其結果就是：他們會錯過可能更喜歡的解決方案，但他們卻一無所知！

雖然大步往前邁進的確會令人有一種「事情都擺平了」的感覺，但也可能導致我們最終選擇了會令人後悔的方案，為此，我們每個人都應該「當心願望成真」（Be careful what you wish for）。在第四章，我們將深入探討該如何開創更好的解決方案。

▼無法做出決定

如果選擇錯誤解決方案會是一場災難，那麼，無法做出選擇也可能造成損害。在空中巴士發表 A320neo 前，波音公司已經為應該「更新 737 機型」還是「開發新機型」辯論了四年[18]。不做出決定的結果就是維持現狀，而這可能會讓我們從一個不太好的位置，跌到完全無法接受的地位。

面對不確定性，我們經常會訴諸「等等再說」的態度；當然，我們會合理化這件事，甚至會進行更多分析、搜集更多數據，與主要關係人進一步討論、建立共識……，但有時，也會因此錯過執行的時機——波音 737 MAX 的開發案正說明了這一點。事實上，「無法做出決定」就是正在做出一種（不言明的）決定，而在本書中，各位可以找到實用的技巧來避開這個陷阱，可詳見第七章和第九章。

▼沒有讓主要關係人參與決策過程

如果主要關係人不支持，即使是看起來是很棒的解決方案，也可能會失敗，尤其當問題本身就有爭議，且主要關係人傾向不同的解決方案時，更是如此。所以，有技巧地讓主要關係人成為最終結果的共同創造者，由此增加他們支持解決方案的可能性也相當重要[19]。另外，讓主要關係人共同參與可以幫助我們避開自身盲點與偏誤，因為每個人都有不同的觀點、背景、技能和既定目標，如此一來，就有可能會帶給我們意想不到的寶貴建議[20]。

除此之外，就統計學而言，匯集來自不同背景人士的資訊可以減少雜音，導出更可靠的資訊[21]，參與團隊決策也可能有助於後續做出更好的個人決策[22]。不過要當心的是，也可能會得到太多好東西，例如在有時間壓力的情況下，越多人參與反而可能適得其反。同樣地，若邀請眾多人士針對例行瑣事來參與廣泛討論，也可能被視為浪費[23]，以及當團隊成員們已經有一種意見，團體討論時就會放大最初的意向[24]。

簡單來說，有些時候、有些地方你需要協商，其他時間則只需要果斷的領導力。重點是，你不該每個決定都去諮詢每個人的意見，而是應該在對的時候參考別人的意見。在本書你可以看到各種讓主要關係人更有效參與的方式。

▼無法更新自身想法

解決複雜問題時，通常都處在不穩定的變動環境之下，而這與人類所需的穩定心理相悖。因此，我們經常在解決問題過程的初期就定調個人意見、片面地尋找證據，然後堅持己見，即使新證據會讓我們修改自己已下的結論，也不為所動[25]。

科學推理的關鍵原則之一，就是把想法視為我們要去檢驗的假設，並根據所知來更新想法[26]；如此一來，就是採取了「機率心態」（probabilistic mindset）——我們無法辨別事情對錯，但我們會衡量機率，所以當新證據出現時就會更新機率。英國經濟學家約翰・梅納德・凱因斯（John Maynard Keynes）曾說：「面對改變時，我會改變自己的想法。那你會怎麼做呢？」[27]現在有不少經驗證據顯示，這種科學方法對於創業特別有益。本書將告訴你如何建立這種思維，詳見第九章。

▼不去執行

辨別出好的解決方案是解決問題的必要條件，但這還不夠，最終我們還需要成功地執行它。儘管執行面不在本書的討論範疇內，不過，我們還是會充分討論所有關於解決複雜問題的重要主題。

本書提供的解決方法

由此可見，面對各式各樣的複雜問題時，都需要採取不同的解決過程。最簡單的問題就用「系統一思考」解決[28]，而複雜問題就需要更謹慎的方式。但怎樣是「更謹慎」呢？過去數十年，已經出現無數方法來幫助高階管理階層做出更好的決策，但是，這些方法鮮少能被真正實踐。之所以會如此，或許是因為這些方法通常離可實踐條件太遠，以致運用時有種種限制[29]。

用 FrED 解決你的問題

我們需要「能保護我們免受不可靠本能的傷害」的方法，它具備能應對各種複雜程度問題的靈活度，以及容易運用的特性。為此，我們開發了「FrED」這個方法[30]：

- **框架（Frame，簡稱 Fr）**：我的問題是什麼？「框架」包括定義問題，使其綜合成一個單一、最重要的關鍵問題，也就是你要達成的任務。
- **探索（Explore，簡稱 E）**：我可以如何解決我的問題？「探索」包括找出問題的潛在答案（就是各種可行的備選解決方案），以及幫助你選擇和決定方案的準則。

- **決策（Decide，簡稱D）**：我應該怎麼解決我的問題？「決策」包括找出可行的解決方案，簡言之就是你最滿意的解決方案。

將FrED的三個步驟想像成是凳子的三隻腳，就知道你需要每一隻腳，因為只要其中一隻腳斷了，另外兩隻腳都無法撐起這張凳子。換句話說，要達到理想成果，不能疏忽這三個步驟的任何一步。

除此之外，也要了解「框架」是問題的核心，而「探索」及「決策」則是解決方案的核心。我們都習慣快速找到解決問題的核心（系統一思考運作中），但「享受不自在」是有好處的；也就是說，花點時間把問題本身理解得

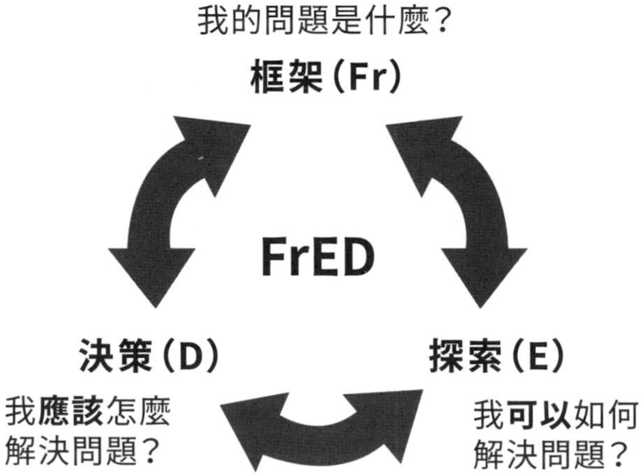
我的問題是什麼？
框架（Fr）
FrED
決策（D）
我應該怎麼解決問題？
探索（E）
我可以如何解決問題？

更透澈，即使我們無法馬上得出答案也沒關係。

雖然 FrED 三步驟看似線性，實際上你會因為新證據而反覆更新稍早的結論。事實上，解決問題的方法往往不是從框架開始，而是在你散步或和某人聊天時，忽然在腦海中閃過的想法。這些都沒問題，有了 FrED，你可以從任何地方開始、朝任何方向發展問題解決的方法！不過，不要被 FrED 的簡明易懂給騙了，認為它用途有限，與此相對，它用途廣泛可運用在任何挑戰——不論問題的本質是什麼。我們已經使用它幫助很多人解決各種領域的問題，包括：商業策略、粒子物理學、醫學、建築學與哲學。你可以運用它的「精微化」（granularity）來配合你的環境；無論是需要組織想法，甚或框架出一個長期計畫，都可以簡單地把它當成心智地圖使用。

經過數百個項目的測試與改進，FrED 可以從兩個主要途徑推動解決問題的過程。首先，它可以為你、你的團隊和組織提供該做什麼的明確方向。其次，它能讓主要關係人更密切地參與。就我們的經驗，以下這兩件事都很重要：「提供方向」和「讓主要關係人參與」。如果你只提供方向（把「不聽話就滾蛋」當座右銘），就很可能會在過程中失去主要關係人的支持；同樣地，純粹專注於主要關係人（想想「百家爭鳴」這句話），會讓你在有限資源的情況下，承受獲得無效結果的風險——這就是為什麼本書會不斷地提到這兩件事。

透過全面的架構來組織你的解決問題過程，FrED就像一個操作系統，類似Windows或MacOS，提供一個穩定的基礎平臺，你可以使用這個工具做各種專業分析，例如：財務、行銷或供應鏈分析等，都有助於解決問題。更具體地說，FrED可以讓你針對自己的問題得到條理分明的觀點，不僅能幫助你超脫直覺，又方便使用。關於FrED，還有最後一點要補充。在管理學領域中追隨「大師」的意見相當常見，然而，很多時候他們的論點聽起來相當合理，卻沒什麼實證能加以支持[31]。

身為實證管理的堅定支持者，我們努力地在本書中收錄了許多強而有力的實證基礎，其中有些實證源於我們所指導

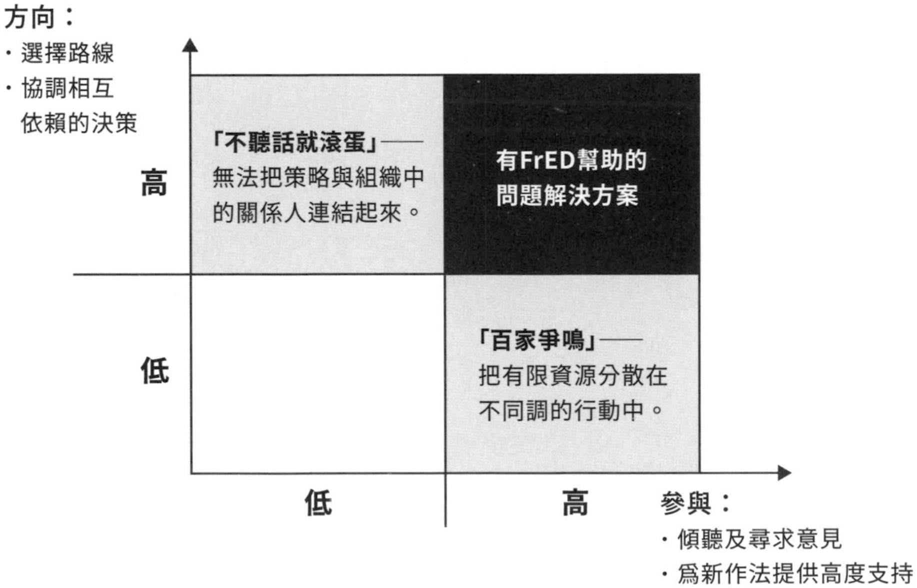
方向：
・選擇路線
・協調相互依賴的決策
高
低
「不聽話就滾蛋」——無法把策略與組織中的關係人連結起來。
有FrED幫助的問題解決方案
「百家爭鳴」——把有限資源分散在不同調的行動中。
低
高
參與：
・傾聽及尋求意見
・爲新作法提供高度支持

的數百名高階管理人員的經驗。當這些案例出現時，我們會標示來源為「我們的經驗」。話雖如此，書中的多數概念仍是來自社會科學、工程、設計、醫學及其他學科的大量文獻，且都在控管良好的條件下經過測試。我們也努力地標示出這些資料來源，因為這些研究結果具有強大的實證基礎，各位可以對這些資料更有信心[32]。其中，某些實證研究的來源之一，是「組員資源管理」（Crew Resources Management，簡稱 CRM）的文獻。在過去的數十年間，航空業採取各項前所未見的措施，來改進航空業組員做決策的方式，而這些措施讓空難意外的發生次數大幅下降[33]。

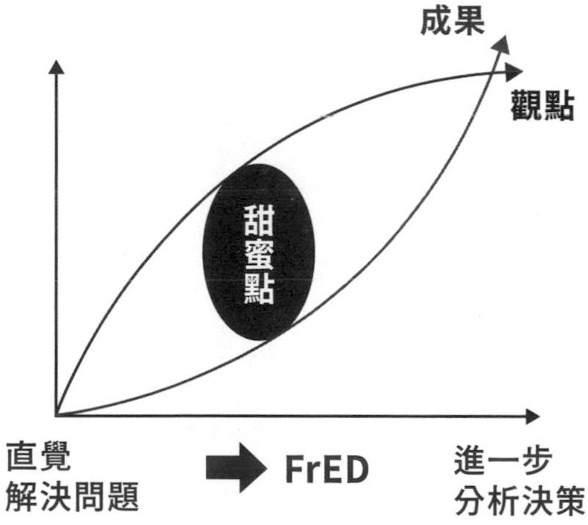

組員資源管理將這些知識集中起來，進而讓由經驗所衍生出的知識體系有了可靠的主體，使其可以運用在其他領域，包括海事和健康衛生產業[34]。由於組員資源管理用其絕佳的實踐影響力特性——集中事故報告系統、事故調查報告系統化、制定並測試法規等，讓我們相信這些資料提供高品質的實證，因此任何領域都能以此制定決策，包括管理領域，所以在本書中我們充分運用了這個知識體系。不過儘管如此，任何研究結果想要運用在其他領域時，都要考量其初始結果的有效性，以及它是否可以有效地轉換到新領域應用。換言之，雖然我們相信，本書提出的概念無論在航空業或管理業這兩方面都非常合適，但還是強烈建議各位讀者結合自己的批判思維，親自測試這些概念。

Dragon Master™，你解決複雜問題的好夥伴 app

我們開發了一款 app，可以幫助你解決複雜問題。這款名為 Dragon Master™ 的應用程式，可以讓你一次完成 FrED 流程。Dragon Master™ 是免費應用程式（編注：此為英文操作界面），可從英文網站 dragonmaster.imd.org 下載使用。

如何運用這本書？

仿效 FrED 的架構，本書也分成三部分：框架、探索、決策。

第一篇「框架」，描述框架的科學與藝術，可以讓各位更深度地了解你的問題，總結成一個完整的首要難題，也就是你要完成的任務。具體來說，第一章闡述了如何定義你的任務，從介紹英雄、寶藏、惡龍來把這件事置於故事情境之中；第二章告訴你如何透過四個法則微調英雄、寶藏、惡龍、任務的內容。接著，第三章會更進一步地探究問題底下的根源，幫助各位提升對於問題的理解。

第二篇「探索」，為探查解決問題的潛在可行方案及準則奠定基礎；第四章說明如何探索解決問題的方案空間，由此得出具體的可行方案以及運用「如何地圖」；第五章能幫你探索、明確表達、權衡相關決策的準則，進而幫助各位找出最有希望的解決方案。

第三篇「決策」，以前兩篇所做的準備為基礎，幫助各位做出深思熟慮後的決定。第六章說明如何用一套權衡準則來評估和比較解決方案；第七章闡述如何跨領域做出與各方相關的決策；第八章則是如何用有說服力的方式來總結並提出你的結論，藉此贏得主要關係人的支持。最後，第九章可以幫助你在不確定的環境下更進一步，告訴你如何運用適合複雜環境的機率心態，以及把你在整個過程中所做的一切與實際執行連結起來的策略。

誠如在各個章節所讀到的，在你的難題中把想法和工具連結起來，有需要的話可以隨意反覆地閱讀不同章節。FrED 最好的運用方式就是把它當作一個反覆檢視的過程，從某個步驟得到的觀點可以幫助你修改在前一步得到的結論[35]。別把過程視為失敗，這是值得開心的過程——朝向錯誤更少、得到更好結論的過程。

在實務上，我們發現在深入每個章節前，先大致讀過一遍本書了解大概的輪廓相當有幫助，可以更妥善地處理你所面對的最重大難關。同時，專業的 Dragon Master™ 軟體也可以幫助你捕捉這三個階段的思路。

本章重點

所謂的「解決問題」，就是搭起「現況」和「理想狀態」之間鴻溝的橋梁。正因如此，我們不斷地解決各種問題。

CIDNI 問題特別重要，其代表複雜、無法定義、沒有急迫性但重要的難題。接下來在本書中，我們將「CIDNI 問題」簡化稱之為「複雜問題」。

簡單的問題可以仰賴我們的直覺（系統一思考），但面對複雜問題時，直覺就很危險，因為它非常容易讓我們受到各種偏誤所影響，因此在這種情況下應該運用更可靠的「系統二思考」。採用解決複雜問題的三步驟——FrED，就是讓「系統二思考」參與其中的方式：

- **框架（Frame，簡稱 Fr）——我的問題是什麼？**「框架」包括定義問題，使其綜合成一個單一、最重要的關鍵難題，亦即「任務」。
- **探索（Explore，簡稱 E）——我可以如何解決我的問題？**「探索」包括找出問題的各種潛在答案（就是各種可行的備選解決方案），以及幫助你找到決定方案的準則。
- **決策（Decide，簡稱 D）——我應該怎麼解決我的問題？**「決策」意指決定最終的執行方案為何，也就是找出最滿意的解決方案是哪一個。

第一篇

框架——了解你的問題

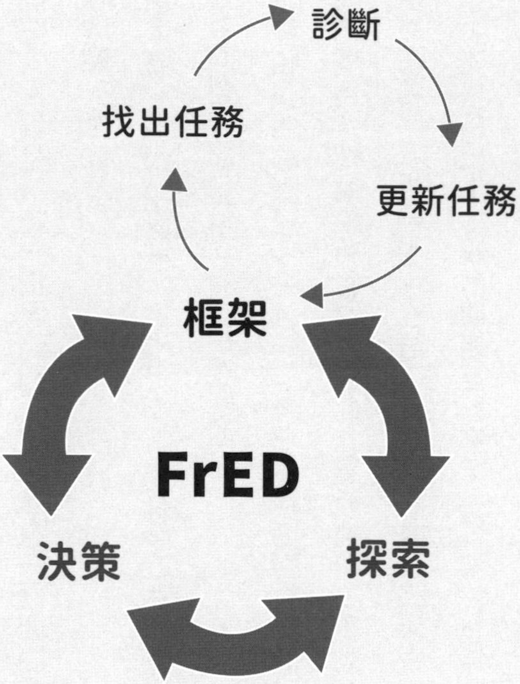

診斷
找出任務
更新任務
框架
FrED
決策
探索

記住，你需要以下要素才能解決問題[1]：

・一個能夠總結你所有問題的首要難題，亦即你的「任務」。
・各種可以回應這個難題的「方案」。
・「準則」可以幫助你找出你所偏好的方案。
・用這個準則來「評估」每一個方案。

框架可以幫助你踏出第一步：找出任務。然而，發展出一個好的框架比想像中困難，一般來說，需要反覆的驗證過程才得以實現。爲了帶領各位踏出這一步，第一章將會幫助你找出第一個任務，並放在主軸前後考量；第二章和第三章則會帶領各位修正框架問題的過程中不合適之處、調整任務，以強化框架。

經過這段旅程各位可能會意識到，一開始你對你的難題只有表面的理解，而這是很常見的陷阱，也是一種危險。修正表象的作用遠不如修正根源，爲了跨越這個陷阱，第三章會告訴各位如何診斷你的難題，也就是認清問題的根源，並運用這些觀點來改善你的問題。

閱讀完第一篇之後，各位將會理解一個清楚明瞭的框架如何組織起你的問題，其中包括「主要參與者」（英雄）和「英雄想達成的目標」（寶藏），以及這兩者之間的障礙（惡龍），還有你想要處理的關鍵問題（任務）。

第一章

定義你的問題——建構初步的框架

「框架你的問題」意味著闡明你的問題是什麼。為了幫各位做到這點，好的框架會有以下三個重點：（一）主要內容、（二）他人參與的部分（主要關係人的相關資訊）以及（三）後勤資源。我們會先從第一點開始介紹。

借用故事中的經典敘述，你可以透過總結出一個單一且全面的問題，也就是任務，來捕捉問題的本質：你的故事背景是一個定義清楚的主角（英雄），英雄想達成的目標（寶藏），和兩個問題之間的障礙（惡龍）。

然而，根據我們的合作經驗，許多經理和高階管理人往往都在「沒有妥善框架眼前的問題」之前，就開始尋找解決方案；他們心想：「我們知道自己想要什麼，所以不需要花時間去框架問題了，把事情做好才是我的職責。」真是明智的做法！畢竟沒有人希望在迫在眉睫時才想出解決方案。但是，不論你喜不喜歡，如何框架問題都非常重要[2]，因為人們往往會低估自己不了解的東西，而失敗的問題框架某種程度上解釋了大部分失敗決策的原因[3]。首先，如果你框架失敗，就可能只是在處理一個表面症狀或認知的問題，而不是真正的病根[4]。

試想一位患者因為頭痛去看醫生，醫生或許在開了阿斯匹靈的處方之後，就可以解決這位病患的頭痛。假設頭痛的理由是因為前一晚參加太多派對，這當然沒問題，但如果患者的頭痛是源於大疾病的症狀，例如腫瘤，那麼，僅僅處理這個症狀最終可能導致災難後果。這就是為什麼醫生在開立處方之前，應該進行完整的檢查和診斷，而這也是我們針對管理問題時所

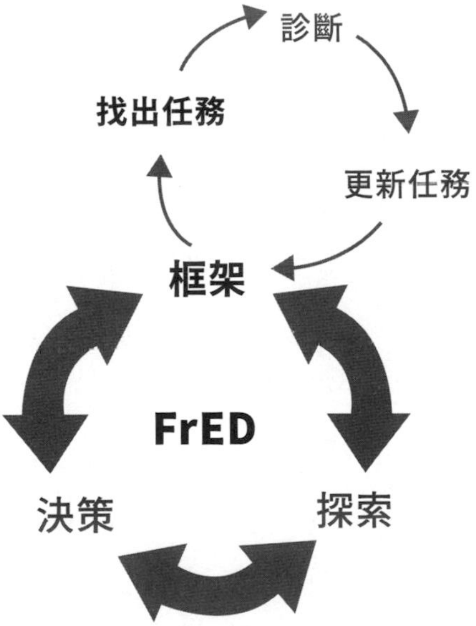

推薦的實際作法。

其次，失敗的框架也會在你邀請主要關係人支持你的結論時發生問題。如果你的框架裡沒有考量到他們的觀點，就想要向他們「推銷」你的方案可以帶來的好處時，也許就要做好碰壁的心理準備。

有效的框架也很重要，因為你比主要關係人了解得更多；面對這個問題你已經處理了好幾天、好幾週甚至好幾個月，因此很容易就誤以為他們知道的比他們實際上知道的要多。我們經常可以在團隊和主要關係人之間看到這種觀點的差距，就叫「知識的詛咒」（curse of knowledge，也稱為專家盲點）。

一九九〇年，一位名叫伊莉莎白・紐頓（Elizabeth Newton）的美國史丹佛大學心理學博士生進行了一項實驗。她把人們分為敲擊者和聽者，敲擊者會敲出大家耳熟能詳的歌曲，例如，披頭四的〈Let it be〉或生日快樂歌；他們會以手指在桌上敲出旋律，而聽者必須猜出歌名。沒想到，成功率出奇的低，被敲出的一百二十首歌裡只有二・五%被猜對。意想不到的是在敲出歌曲之前，紐頓曾問敲擊者覺得聽者猜出歌曲的機率是多少，他們覺得成功率大約是五十%[5]。想知道為什麼他們會如此有自信嗎？那麼，試試看這個敲擊遊戲吧！否則很難想像別人無法辨識出你在腦海中播放的歌曲。

當然，看著對方空洞的眼神，直覺反應是「敲得更用力點」——這是否讓你想起在團隊會議中，人們無法讓別人理解自己時會做出的反應呢？意識到這個詛咒是很好的警醒，因為顯然不需要這麼做，與此相對，一個好的框架就能幫上忙。

所以，我們要怎麼開始建構框架？根據研究結果和我們與數百名高階主管合作的經驗

懂得框架問題很重要

有兩位喜歡抽菸的修道士，總是爭論著祈禱時抽菸是否有罪。最終他們決定各自去找修道院院長徵求他的意見，之後再見面討論結果。

第一位修道士回報這是一場很糟糕的會面：院長拒絕他的要求，還給了他額外的懺悔功課。第二位修道士問他：「你問了院長什麼？」他說：「我問他能不能在祈禱時抽菸。」第二位修道士說：「真有趣，我的會面很成功呢！院長同意我抽菸的請求，還十分讚賞我認真的態度！」第一位修道士倒抽一口氣說：「天哪！不過，你怎麼問的？」「我問他能不能在抽菸時祈禱。[6]」

顯示，「故事」可以幫得上忙[7]。說得好的故事特別容易理解，因為事件之間彼此相關；故事之所以有趣，是因為創造出緊張感，又得以化解；好的故事很容易被牢記，因為有因果結構[8]。為此，你可以用故事的架構整理、框架出你的問題，也就是有一個主角（英雄）、想要的東西（寶藏）、兩者之間的障礙（惡龍）。把這三個元素放在一起，創造出一個「任務」：在「惡龍」的阻礙下，「英雄」應該如何得到「寶藏」？

清楚明瞭，才是好的問題框架

英雄：Solveable Media 為美國衛生保健產業提供行銷服務；過去五年營收一直沒有改變，而我就是 Solveable Media 的執行長。

寶藏：接下來的五年，我希望 Solveable Media 每年營收都成長十%。

惡龍：但是 Solveable Media 現在的銷售團隊人手不足。

任務：我該如何在銷售團隊人手不足的情況下，讓未來五年每年都增加十%營收？

尋找你的任務

建立框架的一個好方法，就是從結尾開始，也就是你的任務。所謂的「任務」就是總結所有問題的首要難題，而解決方案努力的目標就是回應這個任務。一旦回應了任務，就有了前進的明確策略，「剩下的」就是實踐它了。

首先，請以開放性問題的方式來描述你的問題，也就是從「如何」開始。順帶一提，封閉式問題是可以用「是」或「否」的二分法回答，例如：我們應該投資這個IT計畫嗎？一般來說，開放性問題能幫我們想到更多選項：我們應該如何投資以改善我們的IT基礎設備？有時從內容開始著手你的問題可能更明智，但就我們的經驗來說，這種情況非常罕見。這些關於內容的問題和其他開放性問題——誰、地點、何時，通常可以被闡述為「如何」的問題，例如「提升營收十%最好的策略是什麼？」可以被重新描述為「我們如何增加十%的營收？」

清楚描述任務的一大好處，就是在尋找答案的過程中就能得到明確的策略[9]，回應任務可以讓我們知道需要實踐什麼，而不是產生其他需要進一步分析的問題。舉例來說，如果想提升公司的獲利能力，「我們要如何才能提升獲利能力？」就是個很恰當的任務，但

「客戶如何購買我們的產品？」就不是，因為回應這個問題的同時，只會在過程中產生中間的步驟，而不是解決方案。

儘管這個方法非常管用，但也取決於任務是否有被「好好描述」，這就是為什麼我們花了很多工夫小心地描述我們的任務。

與我們共事的高階主管們所提出的任務種類非常廣泛，例如：

- 過去兩年裡X產品的銷售量下滑，我們應該如何增加X產品的銷售量？
- 有鑒於我們將面對根基穩固的競爭者，我們該如何打進Y市場？
- 有鑒於我要負擔很高的成本，我該如何在職涯中進步？

想寫出適切的任務，請專注在以下三個關鍵特性：類型、範圍、問題的描述方式。

- 一個好的任務類型，其在回答過程中就會產生潛藏的解決方案；換言之，任務不應該導出更多的分析。為了做到這點，請從「如何」開始框架任務，而不是為什麼、誰、內容或地點。
- 好的範圍表示這個任務不會太狹隘，也不會太廣泛。
- 最後，好的描述方式表示任務是獨立、好理解的，即使是新手也可以一次讀懂。

然而，想在這三種特性中，為你的任務找出對的範圍格外具挑戰性。不相信嗎？我們來看看下圖，你覺得我們的朋友查理在為自己設定什麼樣的任務？你可能會想暫停一下、動筆寫下來。寫下來其實很重要，可以幫助你理解得更清楚，所以我們強烈建議你花點時間做這件事！

當我們在課程中提出這個問題，學員通常會回答：「我該如何讓門鎖得更安全？」我們同意這個說法，這可能是他自己設立的任務，但這是他應該為自己設定的任務嗎？當然不是，因為他家的弱點顯然不在門，而是樓層。所以也許查理該問的是：「我該如何讓家變得更安全？」但是為什麼止步於此？為什麼不問：「我該如何讓我的生命更安全？」既然說到這，或許也可以問：「我該如何讓我的人生活得更好？」

由此可見，任務的範圍選擇有舉足輕重的影響：範圍太狹隘，就可能面對無效或完全忽略問題的風險，反之，範圍太廣泛，所面對的可能是沒有效率，把有限資源用來處理效益極低的問題上。你的目標是在這兩個極端之間的某處，找到一個適當的範圍[10]。

考量到查理在確立任務範圍時所面臨的挑戰，不妨也花點時間，想想你正在面對的其中一個複雜難題的第一個任務，它應該比較偏廣泛？還是狹隘？應該包括、捨棄哪些元素，讓它能夠被理解的更清楚，甚至是更好管理？請試著做第一個有根據的假想，並記住你隨時都可以依據 FrED 的其他流程，進一步完善你的任務。總之，不要以完美為目標，「開始」最重要。為了幫助你達成目標，以下有幾個方式提供參考。

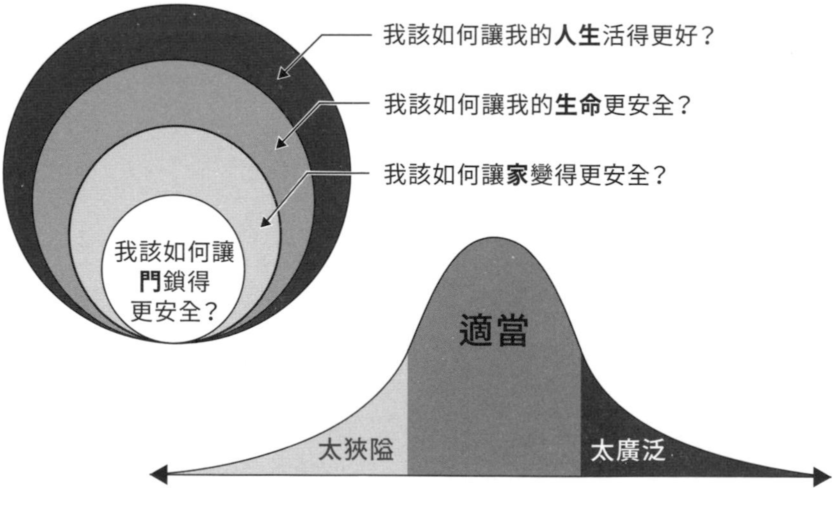
我該如何讓我的人生活得更好？
我該如何讓我的生命更安全？
我該如何讓家變得更安全？
我該如何讓門鎖得更安全？
適當
太狹隘
太廣泛

為什麼框架任務時，每個字都很重要[11]？

一六六一年，路易十四當時二十三歲，他急欲展現他的權力。為了表現出這一點，他下令在凡爾賽宮內建造一座有大量噴水池的宏偉宮殿；全盛時期，凡爾賽宮及其花園中有高達兩千四百座噴水池。國王喜歡透過噴水池裡豐沛的水量，向外國大使們展現法國的壯麗之美，因為在當時，水源是非常珍貴的資源。

從羅馬統治時期起，水力學就沒有再進步了，人們只能靠重力來運輸水，因此「目的地」必須比「源頭」低。這就是問題所在，凡爾賽宮位於水源之上附近，卻需要大量水源：噴泉表演期間每天只需三個小時，但凡爾賽宮每小時就能耗掉六千三百立方公尺的驚人水量，相當於每小時排掉兩座以上奧林匹克游泳池的水！

於是，一六六二年工程師們安裝了馬匹驅動的幫浦，每天可運輸六百立方公尺的水。這是很好的開始，但還不夠。一年後，他們裝了更大的馬匹驅動幫浦，並建造了風車、挖了水庫。容量增加了，但還是不夠。

在路易十四的要求下，工程師們繼續提高水準。一六六八年，他們規劃比耶夫爾河（Bièvre）改道，增加更多風車。七年後，工程師們又建造了一千五百公尺的輸水道。

現在噴水池每天可以運作七小時，凡爾賽宮的用水量比巴黎還多。但是，還是不夠。

於是工程師們建議從塞納河汲取水源。這是非常大膽的想法，因為塞納河遠在十公里之外，而且地勢比凡爾賽宮低了一百四十公尺。為此，他們打造了巨大的馬爾利機械（Machine de Marly），它可以把塞納河的水分流到兩座水壩。這是一個有十四個巨大輪組的複雜機器，每個輪子直徑十一公尺，可為兩百二十個幫浦提供動力，將水打到一百六十五公尺的高處。

這項工作需要一千八百名工人，耗時三年，花費五百五十萬法鎊（相當於七·五億歐元）。它被稱為十七世紀最複雜的機器，需要六十人一起操作。理論上一天可儲存三千兩百平方公尺的水量，非常驚人……，但依舊不夠。

法王對於水的需求持續增加中。一六八〇年，國王的工程師們挖了很多湖，用一條三十四公里的人造河把湖連結起來，一六八五年開始建造一條很長很長的運河，約有八十公里這麼長。這可是一項非常浩大的計畫，一共有三萬名工人參與建造！可惜，一六八九年法國打了一場大同盟戰爭，國家財政瀕臨破產，輸水道工程暫停；之後，就再也沒有重新動工了。

引水入凡爾賽宮的總花費約是建造宮殿的三分之一。儘管工程師們已竭盡全力，仍無法滿足需求。那麼，凡爾賽宮如何在水資源不足的情況下運作噴水池呢？三萬人和龐大預算都失效的情況下，還有什麼方法有效呢？答案是：吹口哨。國王的噴水池操作員不再持續運作噴水池，而是吹口哨。只要聽到同事吹口哨，操作員就知道國王快到噴水池了，他們就會快速打開水線，讓國王可以向同行的大使們炫耀漂亮的噴水池。之後，在原地的操作員只需要再吹一聲口哨提醒下一個同事，國王一行人離開視線後就馬上切斷噴水池的水。

引進足夠的水量到凡爾賽宮是工程師們從未完全解決的難題，因為他們專注於這個問題：「我們要如何引進足夠的水量到國王的噴水池？」但是，如果他們改這樣問：「我們要如何引進足夠的水量到國王的噴水池，以達到他們預期的效果？」這兩個問題非常相似，卻會導出截然不同的解決方案。由此可見，框架問題時，每個字都很重要。

注意微弱訊號

想想某次長途飛行，例如，孟買到羅馬。剛開始飛行時，任何航向的偏差都可能導致你在數小時後飛往阿爾及爾（Algiers）或莫斯科。同樣的邏輯也可以套用在你的計畫中：如果你一開始就沒有好好導向，可能就到不了你想去的地方。換言之，在一個任務中，每個字都很重要（請見前述的「懂得框架問題很重要」）。

在實務上，我們不該把框架問題這件事委託給我們的自動駕駛模式（系統一思考），而是該持續確認我們所處理的是不是真正想達到的目的（系統二思考）——這就是我們需要注意的微弱訊號。

賽車界的傳奇車手胡安．曼紐爾．方吉歐（Juan Manuel Fangio）非常擅長察覺微弱訊號。一九五〇年方吉歐首次在一級方程式賽車（F1）贏得摩納哥大獎，於該次大賽中拿下杆位。衝過第一個彎道時，他沒有發現後面九臺車已經撞在一起，且連環相撞造成車道封閉。不久後，他又來到事發賽道，當他快接近因視線死角看不到的事發現場時，發現了代表警告的黃旗子。但是真正抓住方吉歐注意力的是更細微的訊號，他說：「我到港口前段時，我可以感覺到觀眾的騷動不安，他們不是因為我領先而看我，而是因為其他原因看著我，所以我非常用力地猛踩煞車。」他本能地舉手發出警告訊號，提醒後面的車手[12]。方吉歐那天還是贏得比賽，且是職業生涯中的第五座世界冠軍。當時這是前所未有的壯舉，因為F1事故往往會致命，職業生涯也會中斷於可怕的事故。

對於方吉歐來說，在F1摩納哥狹窄賽道上感覺到微弱訊號是關乎生命的大事。幸運的是，我們大多數人不用在這種嚴酷的條件下工作，我們不需要如此敏銳。話雖如此，框架複雜問題時若能感知到微弱訊號依舊非常有幫助；再讀一次自己的任務，或許可以細微地感覺到某些東西不太對。也許無法完整說出我們想說的，即使我們不能清楚表達什麼出錯了，不過這樣一個微弱訊號，是你在本章節可以運用的工具，而在下一章，我們會教導各位如何磨練感知到它們的能力。這些都需要努力，因此很容易讓人忽略了能挖掘任務的大好機會。別放棄，不論在解決問題的過程初期付出多少努力，最後都會帶來巨大的回報。

過程中充滿各種決定

框架問題就是在為決策做準備[13,14]。理論上，我們會在框架問題、探索方案和準則之後做出決定；經過了這個過程，來到最頂端時將以下要素都結合在一起[15]：我們要處理的任務、我們創造出來的解決方案、對我們而言很重要的準則、每個建立在準則之上評估的選項。本書的第三篇涵蓋了這個步驟，詳細討論了如何做出深思熟慮的決策。但是，實務上決策並不會只發生在 FrED 的第三步驟，相反地，決策貫穿了整個過程。

建構框架時你需要決定你的任務是什麼、什麼不是任務，也需要把這件事貫穿在過程中，決定哪些應該放在框架裡。在這個階段，你已經做出重要決定，包括哪些關係人應該加入解決問題的團隊裡，比如：哪些人可以諮詢、哪些人需要通知、哪些人不需要參與其中。接著，你要決定如何在解決問題的過程中運用有限資源：應該進行全面診斷，還是冒險繞過它？應該為解決方案做多深入的研究？這些方案中有多少是值得你認真評估的？你應該納入哪些準則，又該如何衡量？評估方案需要怎樣的分析？你會如何精心設計你的備選方案清單？以上這些決定會對你的分析造成舉足輕重的影響，所以現在讓我們一起看看如何謹慎思考以做出決定，因為這些決定會深深影響你所建構出的問題框架。

不要自動選擇第一時間浮現在腦海的任務

奧德賽（Odysseus，或稱尤里西斯）是傳說中伊薩卡（Ithaca）的國王，也是荷馬史詩裡的英雄。他想聽女妖賽蓮（Siren）的歌聲，但他知道自己可能無法抵抗女妖的誘惑，所以他請船員把他綁在船桅上以防他從船上跳下去。同時，他用蠟堵住船員的耳朵，以防止他們聽到女妖歌聲，並且無論如何都要讓船維持在正確的航行上。尤里西斯意識到自己的局限性，所以採取先發制人的措施。

時至今日，所謂的「尤里西斯約定」（Ulysses contract）可以讓立約者用一連串預設的處理方針限制自己，如果他懷疑自己可能不願意或不能依據自己的意志做事時，就可以用此方法[16]。尤里西斯的故事反映出研究結果：這種承諾方式可以有效幫助我們對抗不完美的自我[17]。「在透徹理解問題之前就快速投入解決問題」，這其實非常誘人，所以，我們必須先把自己綁在船桅上。

因此，如果你像尤里西斯一樣，懷疑自己能否抵擋得了「早早跳進解決方案的誘惑」，那麼在對別人承諾之前，考量到各種不同的任務，不妨先對自己立下尤里西斯約定，你可以依序採用「擴散性—聚斂性」思考（diverge–converge）的方式進行：

步驟一：擴散性思考

首先，考量到各種不同的任務，你可能會想請同事和你一起解決問題，例如，各自找出二至五種可能的任務。各位可以試試看「腦力寫作」（brainwriting），因為研究顯示這比

「腦力激盪」（brainstorming）更有效率[18]。具體作法是請每個人寫下至少「兩種」可能的任務，之所以需要兩種，是因為很多時候大家或多或少都會預想到一樣的任務，所以如果只寫出一個，可能就會得到大同小異的想法。

透過寫下各自的回答，每個人都可以獨立想想最初的想法，以避免干擾到別人的想法（請參考序章提到的錨定效應）。接著，再把回答收集起來分發給大家，以便產生第二輪的新想法。至於尤里西斯約定的部分，記得只能在完整流程進行前執行，不要進到下個階段。不過這個部分的發散思考，也請進行至少三輪或一小時；換句話說，讓自己有發散性思考的機會，才有機會獲得更多不一樣的想法。

步驟二：聚斂性思考

其次，專注在最有可能達成的任務，並比較各個可能的任務之間：它們的優缺點各是什麼？有哪些是可以去除的嗎？可以把許多任務合併成一個任務嗎？一旦找到滿意的任務之後，就把它寫下來並進行下一步驟，也就是：將任務置於故事情境中。

確認任務是一個重要里程碑，表示你已經把所有問題簡化成一個單一難題了。現在是好好釐清的好時機：回應這個任務，是否就能找出一個具有技巧性的執行策略，讓你有辦法可以解決這個難題？如果是，那太棒了，好的開始是成功的一半！如果不是，你可能要多花一點時間在這個步驟上。

將任務置於故事情境

現在，你已經找出一個最有價值的任務了，接著，套用「英雄—寶藏—惡龍—任務」的序列，將其置於一個簡要的故事情境中。「英雄」具備所有開啟故事中有趣面的重要資訊，包括一個主要的角色；這個角色通常會是一個人——事實上，這個人通常就是你！不過當然，英雄也可能是一群人——一個團隊或一個組織。以電影術語來說，英雄就是定場鏡頭（establishing shot），它要避免瑣碎的訊息，盡可能只說需要的訊息。以路易十四運水到凡爾賽宮的難題為例，讓我們看看該如何運用。

英雄：一六六〇年代，國王路易十四建造了有數百座噴水池的凡爾賽宮，爲了娛樂自己，也爲了讓來訪大使爲之驚嘆。我和五位同事（我們）是路易十四的運水工程師。

在這個例子中，英雄就是運水工程師團隊，而不是路易十四（作為太陽王和主宰一切的國王來說，如果他知道這一點一定會大受打擊）。其次，展現出英雄的抱負。所謂的抱負，就是英雄會不顧一切想辦法達到的目標。這個目標可能是財富自由、拓展市場、世界和平或快樂人生——這個抱負就是寶藏。在我們的例子裡，寶藏可能是：

寶藏：我們想運送足夠的水量到國王的噴水池裡，製造國王想要的效果。

請注意，到這個階段為止你的故事一帆風順——有英雄、有寶藏，接下來，只要展現出你想專注在故事情境中的哪個部分。套句美國編劇家勞勃·麥基（Robert McKee）說過的話：「故事，從生活相對平衡的狀態開始。」一切都很好，日常生活幾乎都依據人們的意願所發生[19]。換言之，根本還沒有任何問題發生！

另外同樣重要的是，了解你的問題的理性者不會有異議，因為我們大多都能預料到可能會發生的事。為此，確認「英雄＋寶藏」是否沒問題的簡單方法，就是驗證它不包含任何「但是」或「然而」。或也可以用另一種確認方式，就是想像自己向主要關係人表達這件事時，大家是否會點頭同意？還是會持反對意見？如果是後者，可能就要先解決一些事。

現在，任何有英雄和寶藏的好故事都需要惡龍。惡龍是阻止英雄取得寶藏的障礙，在我們的故事裡惡龍是突發事件，讓生活失去了平衡。為了明確表現出這種緊張感，請用「然而」作為惡龍出現的開端。在故事情境中一切都很好（英雄＋寶藏），「然而」惡龍成為了一切的阻礙。

惡龍：然而，要運足夠的水量到凡爾賽實在很困難。

惡龍在這個故事中製造出緊張感，也就是你努力解決問題的出發點。如果沒有惡龍，就沒有緊張感，也就沒有問題需要解決。不論是什麼樣的問題，都有很多潛在的惡龍，因此，在選出一個對你和你的主要關係人而言最具緊張感的難題時，請多方考量各種可能問題。

處理各種「惡龍」

你經常會發現自己處在需面對多個問題的處境：可能是成本失控地急遽飆升、銷售團隊的成效不佳、技術平臺可能已經過時。也就是說，你正面對多條惡龍，我們稱之為「惡龍寶寶們」。

處理惡龍寶寶們的方式有兩種。第一，找到可以囊括所有惡龍寶寶們的主要問題——也就是最大的那隻惡龍，接著，你就可以寫下有關這隻惡龍的框架。你需要用 FrED 來解決這隻巨大的惡龍，而這個問題的框架核心，就是這隻巨大的惡龍。

菲爾如何找出惡龍寶寶？

菲爾是我們在瑞士洛桑管理學院（International Institute for Management Development，簡稱 IMD）的課程學員，他不確定要如何闡述他的框架。

「我想解決的問題是：我應該投入時間、金錢、經歷來創業嗎？如果要創業，我該從哪個產業開始？這個問題有兩個部分：我應不應該創業？要在哪個產業起步？」菲爾完全正確，他問了兩個問題，違背了我們的單一原則。

為此，菲爾的描述可以變成這樣的一個問題：「有鑒於我擔心可能的風險以及投入的金錢與時間，我應該如何開始創業？」但是，這個問題沒有框架出菲爾是否應該創業的第一個問題。

誠如菲爾所說的：「我不確定這個新的框架是否有抓到問題的本質，特別是『我該開始這麼做嗎？』的元素。同樣地，我也不確定我的兩部分難題——我應該這麼做嗎？如果要做，我該如何開始？——是否有辦法可以簡潔地合併成一個問題？還是應該分成兩個難題？」

事實上，不一定硬要把兩個問題合併成一個。隨著菲爾進一步地探索，他找到一個可以涵蓋兩個元素的任務：「有鑒於在現在的角色裡我無法找到自己的人生目標，我應該如何投資接下來五至十年的職業生涯？」

用單一敘述總結他的惡龍，就是「在我現在的角色裡，我無法找到自己的人生目標」，而這讓菲爾釐清思緒，同時為「評估未來每條潛在發展之路的利弊得失」，奠定了衡量的基礎。

或者，也可以把問題分成一個個小問題。你可以為每隻惡龍寶寶寫出框架，然後一一用 FrED 解決。

這意味著你需要面對很多任務，因為每隻惡龍寶寶都有一個任務——就像是電影的續集。但是，就像續集不會一次全部釋出，第二種解決方法表示你一次只能處理一隻惡龍，每個問題都要獨立解決。無論你選擇哪種方法，都請記得單一原則：只有一個英雄、一個寶藏、一隻惡龍；否則這就不僅僅只有「一個」故事了[20]。

英雄　明確闡述故事中有趣面的所有重要資訊

寶藏　英雄的抱負

惡龍　讓英雄無法獲得寶藏的單一問題；從「然而」開始。

任務　一個可以總結你所有問題的首要難題，描述方式是：有**（惡龍）**的情況下，**（英雄）**要如何獲得**（寶藏）**？

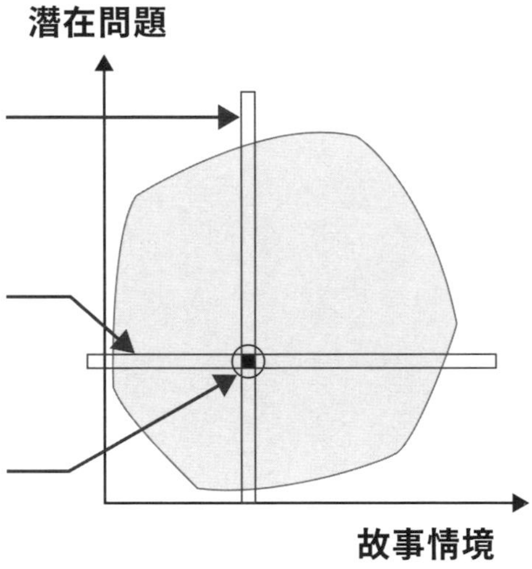

將所有問題總結成一個最重要的「任務」

把英雄、寶藏和惡龍聚集在一起時，我們勢必要回到「任務」，而描述任務的最好方式是：「在有〔惡龍〕的情況下，〔英雄〕要如何獲得〔寶藏〕？」對路易十四的工程師來說，他們的任務可能是：

任務：要運水到凡爾賽宮是件非常困難的事，我們該如何運送足夠的水到國王的噴水池，好讓他開心？

其他任務描述的例子還有：

- 我們的銷售團隊表現不如預期，我們要如何提升銷售營業額？
- 我們沒有任何海外拓展的經驗，我們要如何打進中國市場？
- 強勁對手的經營模式成本非常低，我們要如何阻止他們進入我們的核心市場？
- 由於 737 MAX 造成的空難導致人們對波音的信賴度大幅降低，執行長戴夫・卡爾霍恩（Dave Calhoun）要如何讓波音重回飛機製造商的領先地位？

・有鑒於在現在的角色裡無法找到人生目標，我該如何投資接下來五至十年的職業生涯？

上述任務涵蓋了各種廣泛的主題，從表面上看來，每個任務都相當獨特，所以如果你沒有發現表面以外的特性，那麼在處理這些問題時，就每次都要重頭開始解決，如此一來所花費的精力也會隨之增加，進而降低你從不同問題中發掘創新想法並應用在新問題的可能性。也就是說，如果學會在各種問題之間辨別出共通點——在問題的框架中，或是在解決問題的過程中——即使在一無所知的情況下，也能大幅度提升解決問題的能力。所以用一致的方式來框架問題相當有幫助，能讓相似之處更顯而易見。至於要做到這一點的方法，就是用一樣的架構制定你的任務：有〔惡龍〕的情況下，〔英雄〕要如何獲得〔寶藏〕[21]？

在這個階段，你可能想試試看框架你的問題。以下是填入「英雄—寶藏—惡龍—任務」（HTDQ）序列的模板。各位可以在這裡試著寫下來，或是使用 Dragon Master™ 應用程式（可從 dragonmaster.imd.org 英文網站下載），在 app 上框架出你的問題。

主要內容

英雄

明確闡述故事中有趣面的所有重要資訊。

(待填入)

範例：XYZ爲美國衛生保健產業提供行銷服務；過去5年營收一直沒有進步。我是XYZ的執行長。

寶藏

英雄的抱負。

(待填入)

範例：我希望未來5年每年提升10%業績。

惡龍

讓英雄無法獲得寶藏的單一問題；以「然而」提問。

(待填入)

範例：然而，XYZ的銷售團隊人力不足。

任務

一個可以總結你所有問題的首要難題，描述方式是：有(惡龍)的情況下，(英雄)要如何獲得(寶藏)？

(待填入)

範例：有鑒於 XYZ的銷售團隊人力不足，我要如何在未來5年每年提升10%業績？

完成框架：定義參與者及後勤資源

複習一下，一個好的框架要包括三個部分：主要內容、參與者、後勤資源。

目前為止，我們都專注於「英雄－寶藏－惡龍－任務」的序列來框架出主要內容。不過，要完成問題的框架，我們還需要關於參與者涉入（參與）的重要資訊，以及解決問題所需耗費的資源。

確定主要關係人

開飛機本來是機長的工作，副機長只是從旁協助，在更久以前則是飛機工程師的工作。但是過去五十年來，航空產業依據實務

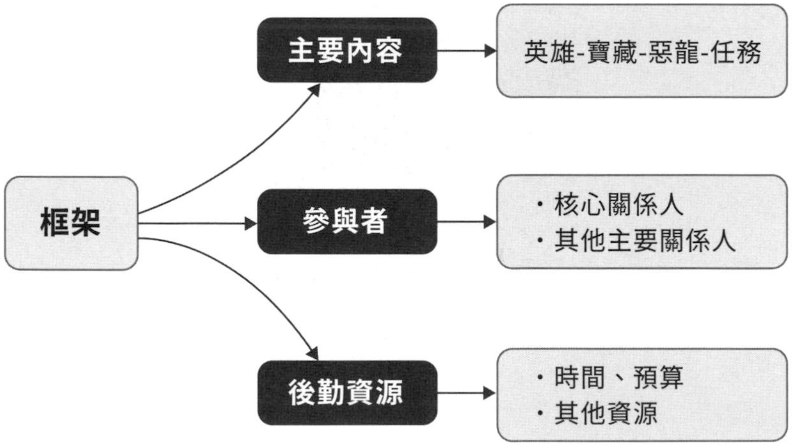

重新定義了機組人員，因為有時空服員、調度員、填充燃料人員、裝載機操作員、登機門管理人員、地勤人員都可以提供駕駛艙無法取得的訊息。

話雖如此，機長仍是負責決策的人，他的主要責任之一就是決定誰需要參與、什麼時候開始行動，以做出最理想的決策[22]。

雖然讓更多不同的人才加入可以有所幫助，但是讓更多人參與進來有時不一定是好事，可能會浪費時間[23]。因此作為領導者，你不能每個問題都一一徵詢意見，這會讓組織癱瘓。那麼，誰是你該延攬的人才？

首先，請分出兩組主要關係人：

- 核心關係人是與你共同解決問題的人，對於過程或結果都有正式決策權。他們是必須對決策負起責任的個體，也就是「擁有問題」的人[24]。
- 其他主要關係人是無需積極參與解決過程的人，但他們會受其影響，或者會影響解決方案是否成功的人。

在有限資源下，你可能會受到啟發而讓不同的團體參與，與核心關係人有更多互動。根據我們的經驗，「多聽少說」很有幫助，你可以藉此了解別人的觀點、激發出更多新想法。

同樣地，說話時也不要只是分享你打算做的事，也說說為什麼你會這麼想，讓他們了解為什麼你會有這樣的結論。另外，明智地為參與者分派角色或許可以幫得上忙，例如，讓某些人有發表意見的機會，另一些人有投票的權利，其他人則有正式否決權[25]。

資源分類

建構框架的最後一部分，就是弄清楚你背後的資源有哪些：確認有多少時間、金錢，以及你準備投入的其他資源。寫下這些資訊、強迫自己想個透徹，可以幫助你在一開始就記錄下目前的所在位置，知道它可能會隨著專案的發展而推進，但這樣的推進應該是從「有意識決定」下逐步演變的結果。

此外，此舉還能建立團隊中的共同理解——心理學家稱之為「共享心智模式」（shared mental model，簡稱 SMM），這個方法已被證實有助於提高團隊效率[26]。以下這張圖表能幫助各位找出這些資訊，不妨練習看看。

參與者

核心關係人：與你共同解決問題的人，對於過程或結果有正式決策權（例如：老闆、客戶）。	（待填入）	範例：XYZ的行銷長會共同參與解決過程。
其他主要關係人：無需積極參與解決過程，但他們會受其影響，或影響解決方案是否成功。	（待填入）	範例：YZ是現在的行銷團隊，XYZ的最高管理層（除了行銷長之外）。

後勤資源

時間＆金錢：願意投資在解決問題的時間與預算。	（待填入）	範例：兩個月內必須想出對策；願意投入5萬美元開發這個計畫（做市場研究、買產業研究報告等）。
其他資源：願意投入的其他資源。	（待填入）	範例：初級分析師凱爾和計畫負責人艾米將全力投入計畫。

誰是你的監控駕駛員[27]？

航空公司的機長經過訓練，要創造出讓組員能放心提問、發表意見、必要時挑戰權威的環境。為了促進組員有這麼做的意願，機長學會在飛行中儘早創造機會，好讓組員能多多提供訊息，同時會抓住機會表揚這些人。

另外，組員也受過訓練，不論機長製造出怎樣的環境，都要勇於表達意見，其中，與副機長角色的再思考行為尤其密切。更久以前，機長就是握有大權的國王，正駕駛負責飛行，副駕駛只不過是不負責飛行的飛行員；不過，這個名稱近來被改名為「監控駕駛員」（pilot monitoring，簡稱 PM），表示即使不負責開飛機，監控駕駛員也是機組人員操作時的主要關係人，與飛行安全之責密切相關。監控駕駛員的職責就是支援駕駛員，其中最主要的責任就是觀察正駕駛的飛行表現，提前察覺是否出現任何威脅。為了分擔這些責任，駕駛員也被列為機組人員之一。

如果解決問題的過程中，你是正駕駛，那麼，誰會是你的監控駕駛員？

尋求幫助

美國心理學家丹尼爾・康納曼和丹・洛瓦羅（Dan Lovallo）強調由內而外的角度來考量問題的風險，因為我們習慣把每個問題都視為「一次性問題」[28]。與此相對，他們建議我們應該「由外而內」把問題視為更廣泛的實例[29]。爭取別人的幫助，他們會帶來不同觀點；比起我們自己，其他人也更能發現我們的盲點。

然而，欲尋求坦誠的外部意見需要創造一個空間，讓人們願意發表不同意見，讓爭議可以被激烈地討論。研究航空公司機組人員如何做到這點，或許是很不錯的指南（請見次頁）。

好的框架看似簡單，但非常受用，因為你可以向任何人描述你的問題，包括對問題一無所知的人，而且只要短短幾句話即可。但是，要讓它簡明化卻不是件容易的事，必須用各種觀點來完整地思考你的問題，讓不同觀點相互對抗，決定哪些資訊要納入你的框架中。和所有行業一樣，這需要努力工作和經驗才能讓框架看起來簡明扼要。在第二章，我們會提供更多實用方法，以增進各位框架問題的技術。

像模範機長一樣打造安全空間

所謂的「錯誤」是團隊中的某些人或全體人員的共同錯誤，可能是因為疏於察覺、表達或更正[30]。很多時候，航空公司機組人員在一起共事前只短暫見過幾分鐘，而飛行前的簡報則為團隊互動定調[31]。美國領導學專家羅伯特．吉奈特（Robert Ginnett）分析了機長如何有效地建立安全空間。

可以成功實踐這點的機長們，會透過飛行前的三個活動來展現自己具備調適性的領導風格。舉例來說，首先他們會展現權限，審慎地組織會議。其次，他們透過處理自己的弱點或缺失來表達自己並不完美。例如，吉奈特引用機長在模擬器的行前會議上所說：「我只是希望大家了解，飛機上的每個人是依據資歷分派到這個位子上，而不是能力。所以任何你能看到或做得到的事情都可以幫上忙，我會很感謝能聽到你們的回饋。」第三，機長會適時修改會議內容、整合會議中所產生的想法，好讓更多組員參與進來，這可以讓機長展現出他們有彈性、會依據情況調整的領導風格[32]。

本章重點

我們都傾向直接進入解決問題模式，尋找最好的答案，然而從「提出好問題」開始，絕對是值得的投資。在投入解決方案之前，請先框架好你的問題。

任何複雜的問題都可以被總結為單一的關鍵問題或任務。一個好的任務會有適當的類型、範圍和問題描述方式。此外，任務是更廣泛架構的一部分，可以清楚扼要地抓住問題的本質：「英雄—寶藏—惡龍—任務」序列。

- 英雄包括所有故事中的有趣面，包括主角；這個主角可能是一個個體、團隊或組織。請避免瑣碎的資訊，盡可能只說需要的內容。
- 寶藏是英雄的抱負。
- 惡龍是阻止英雄取得寶藏的單一問題。從「然而」開始。
- 任務就是你想努力獲得答案的最重要問題，通常以這種形式表達：在「惡龍」的阻礙下，「英雄」應該如何得到「寶藏」？

計畫中有一個英雄、一個寶藏、一條惡龍、一個任務。絕對、絕對不會有更多元素——

這是故事的「單一原則」。

可別像路易十四！要知道，他只用一個任務、幾句話，就創造出這兩者間的差異：「讓三萬人挖出八十公里的運水道」與「數十名噴水池操作員輪流吹口哨」。

把自己綁在船桅上，就像尤里西斯，如果你懷疑自己無法拒絕直接奔向解決方案的懷抱，那麼，就透過辨別各種任務來保護自己：先做比較，再選出最貼切的任務。另外，向賽車世界冠軍方吉歐學習，懂得注意微弱訊號——在框架中，每個字都很重要。大聲讀出你的「英雄—寶藏—惡龍—任務」，如果你覺得自己會偏離寫出來的內容，也許就表示還不夠精確。

可別自欺欺人，人們很容易相信某人是真理的唯一擁有者，但現實往往是不同的景象。積極地與你的主要關係人討論，可以做一次良好的實際檢查。

簡而言之，要有條不紊，但也不要過度緊張。下一章會告訴你更多處理「英雄—寶藏—惡龍—任務」的策略和方法。

第二章

調整你的任務——改善框架

在第一章我們提供各位打造基礎框架的靈感。現在，則來看看如何改善它，使它更好。英國統計學家喬治·博克斯（George Box）有句名言：「所有模型都是錯的，但還是有些能派上用場。」意思是，設計出來的模型都是簡化的現實；換言之，有用的模型就是有用的簡化：只留下重要的東西，其餘的一切都省略。請將你的框架視為一種模型：一個好的框架不會緊抓問題的一切，而是平衡了「簡化」與「準確」。建構框架時，你的工作就是讓事情越簡單越好，但不要過度簡化，以下四大守則可以幫助各位做到這點。

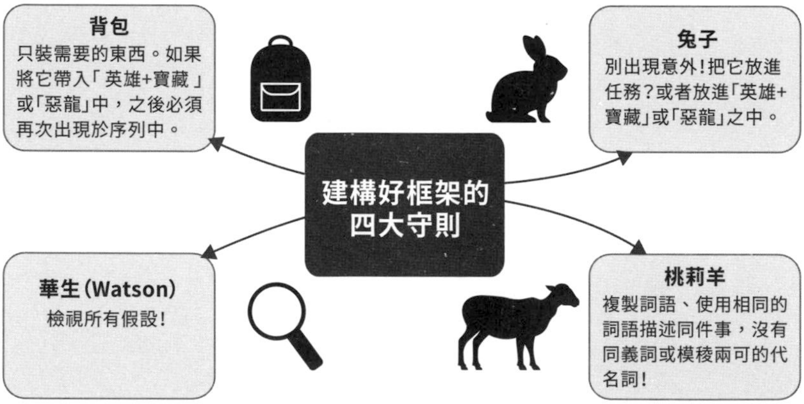
建構好框架的四大守則
背包
只裝需要的東西。如果將它帶入「英雄+寶藏」或「惡龍」中，之後必須再次出現於序列中。
兔子
別出現意外！把它放進任務？或者放進「英雄+寶藏」或「惡龍」之中。
華生（Watson）
檢視所有假設！
桃莉羊
複製詞語、使用相同的詞語描述同件事，沒有同義詞或模稜兩可的代名詞！

貝克先生的地圖[1]

一九三一年，電氣製圖員哈利．貝克（Harry Beck）畫了一張倫敦地鐵的地圖。

在此之前，地鐵地圖都是依據地表地理繪製，但貝克的設計帶來重大改變，讓地圖更容易讀懂。首先，他的地圖不是依照比例繪製，而是刻意扭曲幾何結構，讓地圖中心變得更大，捨棄郊區。如此一來，地圖可囊括更遠的交通網路分支，以及錯綜複雜的城市中心細節。此外，他也大幅使用直線，讓線條呈現零度、四十五度和九十度。

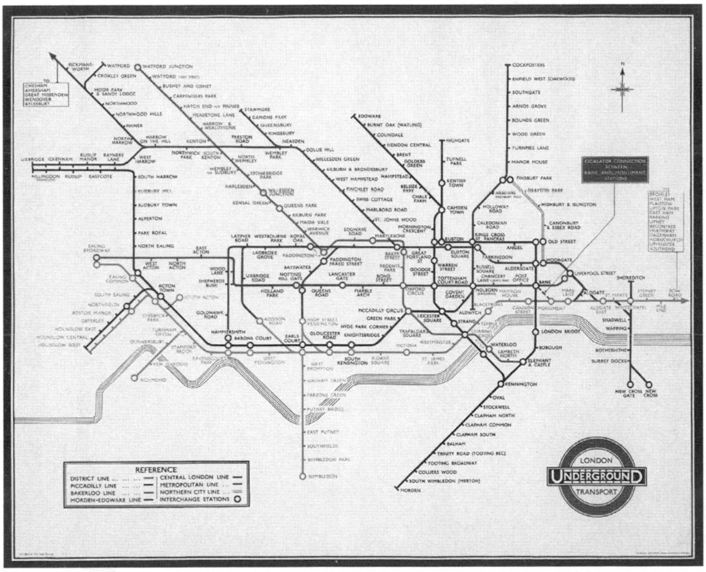

然而，「頗具突破性的設計」或許是當時倫敦地鐵拒絕使用貝克地圖的原因，並將其視為一種自卑的象徵；畢竟一張精確性較低的地圖，怎麼可能比精確的地圖好用？但在試營運期間，使用者踴躍地接納了貝克地圖。後來它成為倫敦地鐵的官方地圖，也成為世界各國地鐵系統圖的藍本。

輕裝旅行——背包法則

資訊越多越好，是嗎？嗯，先別這麼快下結論。研究顯示，在解決問題時「少即是多」[2]。然而人們往往沒有意識到，為了改善某些事情，刪除一些東西可能比增加一些東西來得更好[3]，就像一個非常詳盡的地圖不一定就比較好用，一個有很多功能的產品也不一定就比較好[4]，所以一個細節很多的框架不一定就是好框架。事實上根據我們的經驗，簡潔的問題框架，總是比較好的。

試圖打包過多訊息到問題框架中，是我們最常遇見且最有害的陷阱。我們一次又一次看見經驗豐富的高階主管們在簡報裡放入大量資訊，將其列為「背景資訊」，卻沒有展示這些資訊為什麼需要被納入的明確理由。

當然，提供背景資訊給受眾很重要，但不代表你要把所有東西丟給他們，並期望他們會在你表達的時候從中找出什麼是重要的、什麼不重要。與此相對，你必須「決定」受眾必須看到什麼，就像貝克對倫敦地鐵圖的詮釋。由此可見，建構框架時需要做出決定：美國管理學者理查・魯梅特（Richard Rumelt）為此做了很貼切的說明：「任何領導者的重要職責，就是吸收大部分的複雜及模糊，把更簡單的問題，也就是『能解決』的問題交給組織。」[5]

如何避免在框架中放入過多資訊呢？「背包法則」提醒你只要放進需要的資

	不遵守規則	遵守規則
英雄＋寶藏	我在紐約一間新創企業擔任總經理。**我們爲孩童打造學習數學的軟體，從接觸當地的孩童開始著手，但是我們看到英國有很大的潛力，也找到英國的潛在投資者**。我想去倫敦出差。	我在紐約一間新創企業擔任總經理。我想去倫敦出差。
惡龍	然而，我不知道怎麼去倫敦。	然而，我不知道怎麼去倫敦。
任務	有鑒於我不知道怎麼去倫敦，我要怎麼從紐約到倫敦出差？ ✘	有鑒於我不知道怎麼去倫敦，我要怎麼從紐約到倫敦出差？ ✔

背包
只裝需要的東西。如果將它帶入「英雄+寶藏」或惡龍之中，之後必須再次出現於序列中。

傑瑞提供了過多不必要的資訊

傑瑞是大型保險公司的銷售經理，他之所以參與我們的課程，是想為公司賣出更多保險給千禧世代的客戶。課程開始時，他的任務是在兩分鐘內向其他課程參與者介紹他的目標；他從公司歷史開始講起，並介紹「再保險流程」如何運作，接著談到公司組織架構的細節，以及公司在國際上的成功與失敗。在他範圍過大的介紹中，他不停地想吸引觀眾的注意力，說著：「請耐心聽我說，這些都是重要的背景資訊。」直到他用盡時間，傑瑞仍沒有充分介紹到他的難題，也就是專注於讓公司提高社群媒體的曝光度——這是他前面都沒提到的事。

傑瑞的簡報架構很好；他清楚地劃分了簡報中的每個部分，但是當他說著一波又一波的資訊，且多數都只是次要細節時，聽眾早就被這麼龐大的資訊給淹沒。雖然還想保持禮貌的同學仍繼續掙扎著，但大多數人已經開始查看他們的電子郵件了。傑瑞的框架包含了過多的資訊，就像是帶著一張衛星地圖想找倫敦地鐵的路，這麼做讓聽眾摸不著頭緒：「他的目的到底是什麼？」

訊，並規定所有框架中某部分「有意義」的資訊，都必須在另一個部分再出現一次[6]。例如，假設在「英雄」階段提到公司營收在過去十年間都很穩定，那麼之後就必須在寶藏、惡龍或任務的部分再一次提到「過去十年間營收都很穩定」。若發現這個資訊無法被再次提到，那麼這個資訊可能就不需要留在框架中。

背包法則之所以叫背包法則，起源於出發前往長程登山健行前，你會（也應該）謹慎挑選攜帶物品的過程。你最好謹慎計畫什麼要帶、什麼不要帶，因為整趟旅程都必須背著行囊。我們之中（阿爾布雷特）對於某趟瑞士阿爾卑斯山的旅行印象非常深刻，當時他帶了登山瓦斯爐卻一次都沒用上（那個東西可不輕啊！）所以，背包越簡便越好：只帶你需要的東西，不需要的一件都別帶。

有效率的框架也是同樣的道理——只放進必要的東西，其他的都別放。原則上，背包法則是「契訶夫之槍法則」（Chekhov's gun principle）後半部的再調整，其名源自於俄國編劇家安東．契訶夫（Anton Chekhov），意思是：「如果（舞臺上）前兩幕的壁爐臺上有一把清晰可見的槍，那最好第三幕要開槍，不然就不要把它放在舞臺上。[7]」

別出現意外——兔子法則

這個法則是由美國當代哲學家尼爾・湯瑪森（Neil Thomason）所提出；兔子法則是背包法則的鏡像，強調魔術師沒有把兔子放進帽子裡，就不能把兔子從帽子裡拿出來[8]。這項法則，同樣可以應用在框架，也就是：任務裡的一切都必須及早出現在框架裡，別出現意外！

劇作家契訶夫也注意到這點，他就說：「如果你要在第三幕開槍，那最好前兩幕就讓槍出現在壁爐臺上。」

以前述傑瑞的簡報為例，聽眾面對的挑戰可不僅是漂浮在向他們襲來的龐大資訊包上，還有傑瑞的任務，亦即：提高社

	不遵守規則	遵守規則
英雄＋寶藏	我在紐約一間新創企業擔任總經理。我想去倫敦。	我在紐約一間新創企業擔任總經理。我想去倫敦**出差**。
惡龍	然而，我不知道怎麼去倫敦。	然而，我不知道怎麼去倫敦。
任務	有鑒於我不知道怎麼去倫敦，我要怎麼從紐約到倫敦**出差**？ ✘	有鑒於我不知道怎麼去倫敦，我要怎麼從紐約到倫敦**出差**？ ✔

兔子
別出現意外！把它放進任務？或者放進「英雄+寶藏」或「惡龍」之中

群媒體曝光度——有一隻兔子之前從未出現過，這讓聽眾們更是摸不著頭緒。

「英雄—寶藏—惡龍—任務」序列的簡易性，讓每一位與我們合作過的高階主管都可以快速地確認是否遵守了背包及兔子法則。他們幾乎都可以發現自己的序列需要精簡一點（或更多！），而這個努力是值得的，因為如此可以提升他們對自身問題的理解。

複製詞語——桃莉羊法則

桃莉羊是第一隻被成功複製的哺乳類動物。運用「桃莉羊法則」表示在整個

	不遵守規則	遵守規則
英雄＋寶藏	我在紐約一間新創企業擔任總經理。我想去**倫敦**出差。	我在紐約一間新創企業擔任總經理。我想去倫敦**出差**。
惡龍	然而，我不知道怎麼去**英國**。	然而，我不知道怎麼去**倫敦**。
任務	有鑒於我不知道怎麼去，我要怎麼前往**海外**？ ✘	有鑒於我不知道怎麼去倫敦，我要怎麼從紐約到**倫敦**出差？ ✔

桃莉羊
複製詞語、使用相同的詞語描述同件事，沒有同義詞或模稜兩可的代名詞！

框架中，都要用同一種方式提及同一件事，而不是同義詞或模稜兩可的代名詞。桃莉羊法則可能有點違反直覺！我們經常看見高階管理人在建構框架時，重新回想他們大學時期的文學課——當時他們被教導不要使用重複的詞彙，而是盡可能使用「同義詞」替換。但是在解決問題的過程中，形容同件事卻用同義詞可能會使聽眾混淆，所以，不要試著在「英雄—寶藏—惡龍—任務」序列裡創作出文學巨作，而是要力求簡單、清楚、簡短。如果某些人覺得這很無聊，那就這樣吧！再說了，如果它夠簡短，他們也沒時間覺得無聊！

請注意，你或許會認為有必要使用兩種方式指稱同一件事，遇到這種情況時，除了痛罵桃莉羊，不妨也反問自己為什麼非得使用不同的詞彙形容同一件事？這種自省，能幫助你得到問題之外的見解，揭示出你從未想過的細節。

檢視你的假設——華生法則

二〇一四年法國鐵路公司 SNCF 訂購了三百四十一臺列車，共花費一百五十億歐元。幾年之後，這些列車開始一一到貨，鐵路公司才發現車廂太寬了，全法國有一千三百個火車月臺無法容納新列車，要調整這些月臺又要額外花費五千萬歐元[9]。這個又貴又尷尬的錯誤，起因於設計列車的工程師是依據建造不超過三十年的月臺所設計，他們忽略了許多法國的火車站月臺其建造時間都超過五十年……，當時列車還比較狹窄。工程師認為較新的月臺代表了所有月臺，其實不然。

「華生法則」的重點，就是提醒你要檢查所有框架中的假設，也是在對夏洛克・福爾摩斯（Sherlock Holmes）的示意。當這兩人一起調查棘手的謎團時，華生總是破不了案，因為他會忽略重要的線索。至於該如何進行一個完善的檢查？就是根據華生法則去驗證框架中的所有主張

	不遵守規則	遵守規則
英雄＋寶藏	我在紐約一間新創企業擔任總經理。我想去倫敦出差。	我在紐約一間新創企業擔任總經理。 我想去倫敦出差。
惡龍	然而，我不知道要**搭哪班飛機**。	然而，我不知道怎麼去倫敦。
任務	有鑒於我不知道要**搭哪班飛機**，我要怎麼從紐約到倫敦出差？ ✘	有鑒於我不知道怎麼去，我要怎麼從紐約到倫敦出差？ ✔

華生
檢視你的所有假設！

調整你的自信程度

在進行討論時，雖然以高度自信的態度說出意見顯得更有分量，但研究顯示，高度自信不一定表示更高的正確率[10]。

那又怎樣？當然，首先你可能要先驗證你是否已經做好調整，你可以在英文網站 Clearerthinking.org 找到工具[11]，進行方式是對隨機問題回答「是」或「不是」（例如，「二〇一六年澳洲墨爾本的都會區人口比中國福州多」，自信等級從猜測的五十％到非常有自信的九十九％）。透過幾個問題評估你的表現，能藉此確定你傾向不自信、過度自信還是自信程度適中。此外，聽取別人的意見時可能需要先記住他們的意見，因為他們可能還沒有調整好自己的自信程度。

是否都合理。根據華生法則，它可以幫助你重新檢視結論。例如，它可以讓你找出某些你以為必須遷就的約束，但實際上可以不用那麼在意。檢視假設非常重要，在下一章，我們會再好好介紹和說明這個主題。

此外，檢查你的假設可以幫助你建構更強健的框架，進而帶領你找出更好的解決方案。檢查假設還可以讓你做好更全面的準備，以面對持懷疑態度的聽眾在現場所提出的問題。

我們真的需要更多銷售員嗎？

阿爾布雷特（Albrecht）是一間位在瑞士的中型製造商阿伽頌（Agathon）公司的董事會成員。阿伽頌的高精密磨床可以讓工具製造商磨製出非常精細的工具，可用於車削和研磨，精細度可達幾微米。此外，阿伽頌還有一個生產導向的部分，主要是經營塑模和打洞工具。再次重申，精密度非常重要，如此能確保沖壓鈑金和模壓塑膠製品都可以生產出非常精確的規格，例如 Swatch 錶帶或注射器這類醫療用品。因為它是以生產出精準產品為導向，因此普遍認為，阿伽頌公司在 B2B 市場具全球技術領先地位——真正的隱藏版冠軍。然而，不利的一面是：阿伽頌的市場覆蓋率相當有限，原因是其產品的價格高昂，特別是與亞洲競爭對手相比，還有銷售團隊的配置不足。

基於種種因素，阿伽頌主要透過獨立銷售單位的小型網路經營模式，將他們的自家產品與其他公司的零件賣給沖壓塑模製造商，主要經營歐洲市場。

在某次策略研討會上，頂尖團隊與較資淺的團隊正研究如何增加歐洲導引系統的銷售業績，尤其是德國。每個人最先想到的辦法就是增加銷售人員的數量，或是如何確保他們會花比較多時間推銷阿伽頌的產品，而不是其他製造商的零件。

潛在的假設是：除了增加銷售人員沒有其他銷售方式，但若是用內部銷售人力涵蓋廣大的銷售區域和數千個客戶，成本實在過高。

然而，隨著討論持續進行，有一位聰明的年輕人提出可以用網路銷售平臺作為途徑，向客人介紹阿伽頌的產品。這個想法又讓團隊回過頭來擴大目標；他們不再問如何增加銷售人力，而是問如何讓每位銷售人員的效益更好。現在他們把問題擴展到：「我們如何透過不同的銷售管道來增加德國的銷售業績？」這又反過來提供團隊不同的思考角度，去想這個挑戰的整體框架，打開更寬廣的解決空間。

阿伽頌的執行長麥可．梅克爾（Michael Merkel）對這個提議的評論是：「這項全新的策略讓來自不同領域、不同層級組織中技能嫻熟、積極進取的人可以廣泛參與，不僅改變了策略的品質，也改變了組織實踐策略花費的成本。」

總而言之，對阿伽頌而言，遵守華生法則的結果，是消除他們根深蒂固的思考限制，從而開闢了全新的未來道路。

運用框架，（在一定程度上）可改善你的想法

所謂的框架，就是為你的聽眾量身打造簡潔的問題陳述。熟悉問題的人，不需要與完全不清楚你的「英雄、寶藏、惡龍、任務」的人一樣擁有相同的資訊量。話雖如此，無論在任何情況，你的框架都應該要非常簡單——不管是你退休的父親還是正值青少年時期的女兒，都可以理解的程度。

一個好的框架要簡單、清楚……，以及簡短[12]

英雄：寶獅汽車（Peugeot）是一個法國汽車品牌，目前美國市場沒有販售。

寶藏：寶獅渴望打進美國市場，需要滿足能夠在美國配銷的任務（其定義為銷售汽車，並終身提供售後維修服務）。

惡龍：然而，寶獅汽車並沒有美國的配銷網絡。

任務：由於寶獅汽車沒有配銷網絡，他們該如何滿足在美國配銷的任務？（其定義為銷售汽車，並終身提供售後維修服務）。

如果你覺得你的問題太複雜了，很難用這種方式總結，那就再想想看。我們已幫助許多人建構出數百個框架，沒有在任何領域遇到困難——從公司理財、建築學、哲學到量子物理學，還沒有不能用「英雄－寶藏－惡龍－任務」這種簡單到一般青少年都能理解的序列來總結問題。當然，運用這種方式來總結問題不是一件容易的事情，這相當有挑戰性，但我們保證你一定做得到。

此外，這種方式對你來說會非常有幫助，因為用清楚的序列總結問題，需要先釐清自己的思緒，有了簡單、清楚、簡短的問題框架之後，就可以移除任何隱藏起來的不明確，讓你變得更加可靠。

為了說明這一點，左頁提供一個範例，在這個例子中的英雄，需要一個以上的敘述，但是即使在這個例子中需要更多的資訊，且整體框架幾乎多達整頁，但這就是多數問題所需框架的分量上限了。

在我們的經驗裡，重新建構框架時，只要遵守兩個簡單的原則，就可以獲得巨大收益：一是寫下你的想法；二是不追求完美。

我們需要醫生！[13]

英雄：在美國，醫生要對患者進行手術前，需要先請患者的保險公司核發手術費用。為了這件事，保險公司會請專科認證醫生（「專家」）決定手術是否必要（做出「動手術」或「不動手術」的決定）。聘請專家非常昂貴，為此保險公司通常會透過第三方取得是否動手術的決定。

珊卓是 RWH 的執行長，這是一間新創企業，透過聘請學校教授作為專家的合作醫學院，取得是否動手術的決定。RWH 的服務需求量非常高，珊卓的主要難題就是為保險公司提供能符合需求的決定。為了這麼做，RWH 最近和主要醫學院（MMS）簽訂協議。

寶藏：珊卓希望 RWH 繼續為保險公司提供能夠符合需求的決定。

惡龍：然而，MMS 不會依據與 RWH 簽訂的協議提供是否動手術的決定。

任務：由於 MMS 不會依據與 RWH 簽訂的協議提供動不動手術的決定，RWH 要如何為保險公司提供能夠符合需求的決定？

寫下你的想法

美國小說家芙蘭納莉・歐康納（Flannery O'Connor）曾說：「我不知道我在想什麼，直到我看到我說的話。」寫下你的想法可以幫助你從三個面向改善它。

首先，它會成為一個「硬碟」，讓你可以儲存資訊，空出你的工作記憶——保存短期記憶並運用它的能力。這很重要，因為工作記憶一旦受限，就會限制我們解決問題的能力[14]。

其次，寫下你的想法可以在團隊中建立共同理解，這是有效解決問題的基礎[15]。最後，這個方法也可以幫助你記錄今天的想法，以便之後修改計畫範圍時，讓改變能夠產出有意識的決定結果，而不是無意識的無止盡延伸。

不追求完美

最後提醒一句：不要執著於正確的框架，或者甚至更糟的狀況是執著於「完美」的框架。首先，根本沒有這種東西[16]。我們在學校學習的數學問題都有一個正確答案和無數的錯誤答案，但是複雜問題都是主觀的（定義不清的結果），因此沒有客觀的正確解答。其次，你的框架應該代表你與主要關係人共同的理解，而你現在尚在起步階段而已。隨著你的進

框架檢查表

英雄—寶藏—惡龍—任務	法則	參與者和後勤資源
．產出有適當類型、範圍、敘述的各種任務。 ．選擇你所偏好的任務，並明確表達原因。 ．英雄的部分只包含必要訊息，其他不相干的故事背景盡量少提。 ．寶藏的部分，應明確表述英雄的抱負為何。 ．惡龍是英雄與寶藏之間的一個問題；以「然而」開頭來敘述它。 ．讓任務成為計畫中要回應的主要問題。 ．任務的形式是：在有「惡龍」的情況下，「英雄」如何獲得「寶藏」？	．遵守背包法則：除去多餘的資訊，只留下重要資訊。 ．遵守兔子法則：到了任務階段前需要掌握的必要資訊。 ．遵守桃莉羊法則：使用同樣的詞彙來指涉同一件事。 ．遵守華生法則：檢查你的所有假設。 ．讓框架簡單到即便不熟悉問題的人都能輕易理解。	．讓所有重要的主要關係人參與其中。 ．讓框架反映出團隊的共同理解。 ．釐清計畫中的後勤資源有哪些，例如：時間、金錢、其他等。

步，也就會有機會找出新的證據，進而有機會改善你的框架，那就再完美不過了！所以，只要讓你的框架盡可能完善，並接受它的不完美，然後繼續走下去。

前頁的「框架檢查表」總結了前一章和這一章我們提到的內容。為了幫你內化這些概念，我們強烈建議你將其運用在你的計畫中，或是各位可以在英文網站 Dragon Master™ 上輕鬆做到這一點。

本章重點

以簡單明瞭為宗旨，來大幅改善你的框架。以下四條法則是很好的幫手，能幫助你建構出更強而有力的問題框架：

一、**背包法則：**雖然地鐵圖可能沒有照片精準，但好用很多——在你的框架裡，只放進需要的資訊。

二、**兔子法則：**「契訶夫之槍」只能在你介紹它之後才能響起——不要在任務階段裡放進新資訊，太晚了。

三、**桃莉羊法則：**「清晰」比「多樣性」重要——持續用相同的詞彙描述同一件事，不要使用同義詞或模稜兩可的詞彙替代。

四、華生法則：不要製造無法進入月臺的列車——檢查你的假設，你應該要能夠為「英雄—寶藏—惡龍—任務」序列中的所有主張辯護。

直到最後都要保持簡潔，切記，你的框架應該要能讓一般青少年都能理解——甚至非常聰明的狗都能理解。如果你退休的母親或青少年兒子無法解釋你的問題框架為何，那就表示還不夠簡單。

「寫下」你的框架，如此，不論是為了你自己或團隊都是件好事。不要追求完美。做到你能做到的範圍，就先讓別人理解看看，再運用他們的反饋來改善問題框架，然後繼續進行下去。新的證據會持續出現，所以你還是要持續更新來完善框架。

第三章
診斷你的問題

在第一章和第二章我們介紹了如何把複雜問題總結為「英雄－寶藏－惡龍－任務」的簡易序列。

另外，過程中「華生法則」建議我們必須確認所有序列中的假設，不過，遵守華生法則並不是件容易的事，因為往往需要深入揭開問題的根源，或者說——進行問題的「診斷」。現在，就讓我們看看該如何做到這一點。

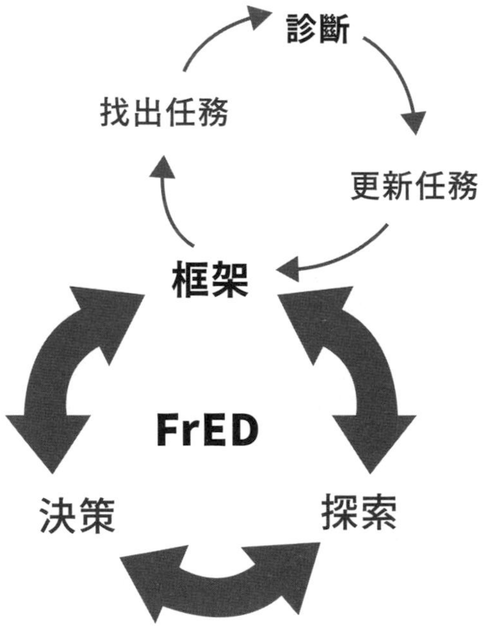

錯誤判斷 BD 092 的引擎問題[1]

一九八九年一月八日，一架由英倫航空駕駛的波音 737-400，編號 BD 092 班機正從倫敦希斯洛（Heathrow）機場起飛，飛往北愛爾蘭貝爾法斯特（Belfast）機場的途中。當飛機飛到兩萬八千英尺正爬升至巡航高度時，機組人員忽然感覺到強烈震動，煙霧和燒焦的味道讓他們覺得是其中一個引擎故障了。機組人員收起右側油門時煙霧消失了，所以他們認為是右側引擎出了問題，於是他們關掉右側引擎。

但是，震動消失只是巧合，實際上故障的是左側引擎。在之後的行動中，當機組人員試著降落備降機場時，他們也沒有驗證自己的「診斷」。接著，在他們即將降落機場時左側引擎徹底停機，飛機在距離跑道五百公尺時，由於引擎完全無法運轉而墜毀，機上共一百二十六人，最終這場事故奪走了四十七條人命。

誤判 BD 092 班次的引擎問題，以致機組人員框架了錯誤的問題；真正的問題出在左側引擎故障，但他們提出的問題卻是：「我們要如何處理故障的右側引擎？」碰巧的是，錯誤的問題框架在企業界也經常發生：我們在洛桑管理學院進行為期兩年的研究中，經調查顯示，超過五十五%的高階主管表示在他們的組織中，決策時會發生錯誤框架問題[2]。

由此可證，我們不該覺得框架問題是在浪費時間、是在延後完成任務的時間，與此相對，這是一種投資，有助於為接下來解決問題建立堅強的基礎。除了第一章和第二章介紹的框架技巧，做出好的「診斷」也可以讓你的框架過程更有效率。

現在，你可能會問：「為什麼要在診斷之前先進行框架？」嗯，要找出問題的根源，你需要知道該從哪裡著手，否則就會冒著「好高鶩遠」的風險，也就是：看得到所有想像得到的事，但沒有時間一一分析。我們可以肯定的是，經過診斷之後，或許會讓你必須做出調整，甚至徹底改變最初的框架，然而這完全沒有問題，不過前提是，你有規劃出足夠時間來讓你這麼做。事實上，由「英雄、寶藏、惡龍、任務」所組成的最初框架，即提供了第一時間初步診斷的方向。

接下來，你可以利用以下兩步驟來診斷你的問題：首先，利用「為什麼地圖」——以視覺化的方式找出潛在的根本原因，其次，確認究竟是哪一個潛在根本原因在作祟。

遵守四大守則，畫出有效的「為什麼地圖」

我們先來想想如何找出潛在的根本原因。想像你剛被任命為一間公司的總經理，你發現這間公司並不賺錢，為什麼會這樣？也許是無法吸引到更多新客戶？或者，是原料成本過高？還是其他因素正在作祟？最終，公司究竟能夠獲得多少利潤，取決於你是否能找出潛在的根本原因（或很多根本原因，因為有時原因不只有一個）。

例如，就像英倫航空的機師關錯引擎，如果你專注在減少原料成本，但其實真正拉低利潤的原因是沒有足夠的新客戶收益，這樣的應對措施可能就不會奏效。你所面對的複雜問題有很多潛在的根本原因，要一次把它們全都設想得到，相當有挑戰性。另外，有些原因不在其列，所以解開這些難題又更加困難。

正如在探索不熟悉的地域時，地圖相當管用，而地圖之於找出問題的潛在根本原因，也相當管用，這就是為什麼我們需要畫地圖。

現在，讓我們走在「為什麼地圖」上，想像你的公司並不賺錢，為什麼會這樣？嗯，利潤低可能源於兩個原因：是營收太低？或是成本太高？（也可能都是，沒錯，不過這兩個原因我們都試想過所以就不再重複）。繼續分析下去，你可能會設想是營收太低，因為源自新

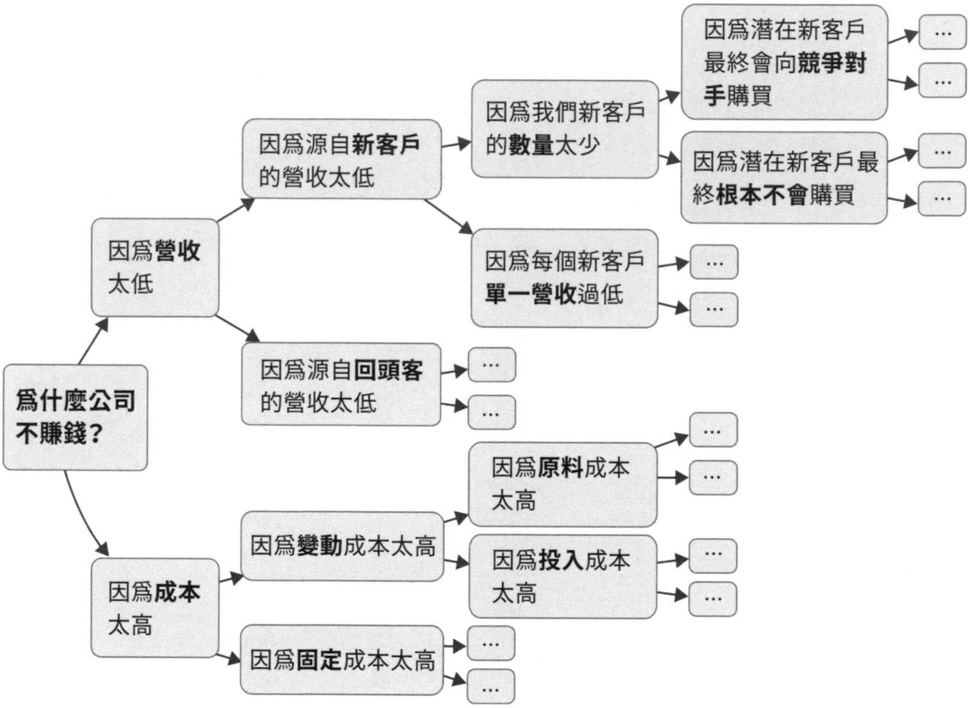
為什麼公司不賺錢？
因為營收太低
因為成本太高
因為源自新客戶的營收太低
因為源自回頭客的營收太低
因為我們新客戶的數量太少
因為每個新客戶單一營收過低
因為潛在新客戶最終會向競爭對手購買
因為潛在新客戶最終根本不會購買
因為變動成本太高
因為固定成本太高
因為原料成本太高
因為投入成本太高
…

客戶的收入太少，或是回頭客的收入太少。成本面也一樣，高成本可能源於過高的固定成本或過高的變動成本，而後者可能是原料成本高或是投入成本高。沒錯，你懂的，「為什麼地圖」就是這樣畫。

利用地圖的形式，可以快速有效建構出潛在根本原因的全貌，所以我們十分推薦各位將這種方法學習起來。關於有效的地圖繪製方法，有以下四大守則，現在，就讓我們一起來看看。

以設計概念來思考解決方案[3]

奇異公司（General Electric Company）的工程師道格·狄茲（Doug Dietz）設計了一種大型的醫學影像設備。幾年前，道格在醫院檢查他的某臺磁振造影設備時，遇到一個小女孩因為看到即將被放進又大聲、又冰冷的機器裡而害怕不已——這可不是特例，根據調查，孩童因太害怕磁振造影設備，有八十%的孩童在進行檢查前要先服用鎮靜劑。為此，道格遵循設計思維方法，沉浸在這些小病患的世界，找出他們對此的想法，從而改善他們的體驗。這些方法包括：

- **觀察：**在用戶遇到問題的環境中觀察並聆聽，體驗他們使用的工具，藉此解決問題。
- **參與：**與用戶對談，以捕捉他們是如何表達自身行為、思想與感受。
- **沉浸：**親自體驗看看。

道格從他的分析中整理出一個觀點，進而開發出一種非常不同的解決方案。如果他只是坐在電腦前思考解決方法，可能就得不出以下這個方案：他把高科技磁振造影設備變成彩色的海盜船，可以發出音效，並準備一些變裝衣服；他還編了一套故事，說磁振造影設備是一艘海盜船，病患必須非常安靜才能躲避海盜！沒想到醫學檢查變成了臨場感十足的冒險，孩童忘記了恐懼，盡情沉浸在這個體驗中。

這些改變非常成功，做過磁振造影的孩童都問他們是否能再做一次。這些改變也帶來許多正面的影響：重複檢驗的數量銳減，且幾乎沒有人需要鎮靜劑了。所謂「客人滿意，過程有效率」正是如此，總之，這是一個關於設計與改變如何激勵人心的故事。

診斷問題的根本原因（理解是什麼造成不良體驗），而不是處理表面看到的問題（強迫孩童遵守流程），讓道格找出絕妙的解決方案。

爲什麼地圖守則❶　一次只回答一個「爲什麼」

請從問題框架中你認為最有價值的面向開始診斷。原則上，你可以帶著「為什麼」來關注任務中的任何部分：「為什麼這是英雄？」、「為什麼這是寶藏？」、「為什麼這是惡龍？」，以上這些問題應該都可以引人關注且息息相關。但是我們發現，通常關注於「寶藏」或「惡龍」最有效益，例如，你可能會問：「為什麼這個寶藏對你來說很重要？」或者「你之前嘗試得到它時為什麼失敗了？」

同樣地，你也會想深入地了解為什麼你的惡龍是個問題，為什麼你還沒有制伏這隻惡龍？最理想的狀況，是你會有足夠的資源去問好幾個為什麼，甚至全部都問！但現實是你的資源相當有限，所以你通常只能問「一個」為什麼。

因此你的難題就是去找出「哪一個『為什麼』的答案最能讓你獲益」。就像選擇任務一樣，讓主要關係人參與其中可以幫助你找出幾個備選答案，進而能在相互比較後找到最好的那一個。選好要問哪一個「為什麼」之後，就可以開始繪製地圖了。一張好的地圖簡明扼要，甚至簡單到能夠讓你一目了然。不過，就像「英雄—寶藏—惡龍—任務」的序列一樣，想做到如此一目了然，往往極具挑戰。

爲什麼地圖守則❷ 從提問走向潛在根本原因

在地圖中，你可以透過兩種問題類型來移動：往水平方向問問「為什麼」，可以幫助你得到潛在根本原因的更詳細內容；往垂直方向則問問「還有什麼」，能幫助你找到不同類型、新的潛在根本原因。

日本豐田汽車（Toyota）的全面品質管理方法，建議透過「問五次為什麼」來揭露問題的根本原因[4]，這是很好的一般規則，不過或許也可以針對某些部分多問問為什麼、減少某些為什麼，以獲得更多的幫助。比起地圖的分支數量，更重要的是建構完整的地圖，這樣它的選項——也就是「節點」（node），就不會僅止於概念（例如「因為

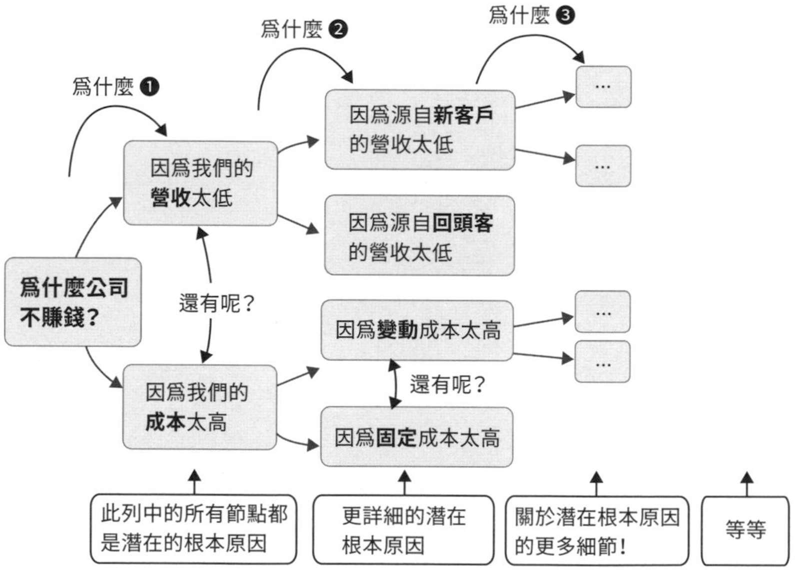

爲什麼❶
爲什麼❷
爲什麼❸
爲什麼公司不賺錢？
因爲我們的營收太低
因爲我們的成本太高
還有呢？
因爲源自新客戶的營收太低
因爲源自回頭客的營收太低
因爲變動成本太高
還有呢？
因爲固定成本太高
…
…
…
…
此列中的所有節點都是潛在的根本原因
更詳細的潛在根本原因
關於潛在根本原因的更多細節！
等等

我們的原料成本太高」），而是更具體化（例如「因為我們產品中多用了十%的碳纖維」）。也就是說，無論地圖的分支有幾層，重點是你的地圖應該讓所有具備一般知識水準的人看完後不會問：「所以，具體來說這張地圖想要表達什麼？」

另外請注意，不是所有分支都要完善至相同程度——有些可能只需要分支幾層就可以了，有些則可能需要更多分支詳述，有這樣的差異完全沒有問題[5]。

在「為什麼地圖」裡，遵守以下幾個簡單的指引，可以讓你的思路更簡明清晰：

- **使用完整的陳述句**[6]：每個節點的描述，都必須是可以被回答的完整陳述句，也就是：每個節點都是一個想法，而不只是一個標題，如此，可避免和他人產生理解上的模糊地帶。

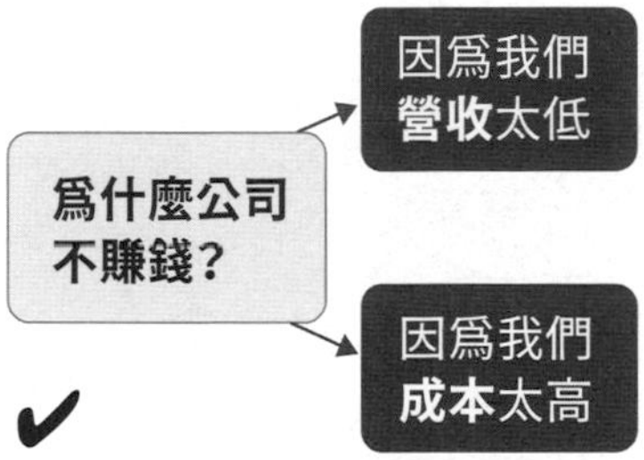

用想法表達可避開模糊地帶：
其他人可輕鬆理解你的邏輯

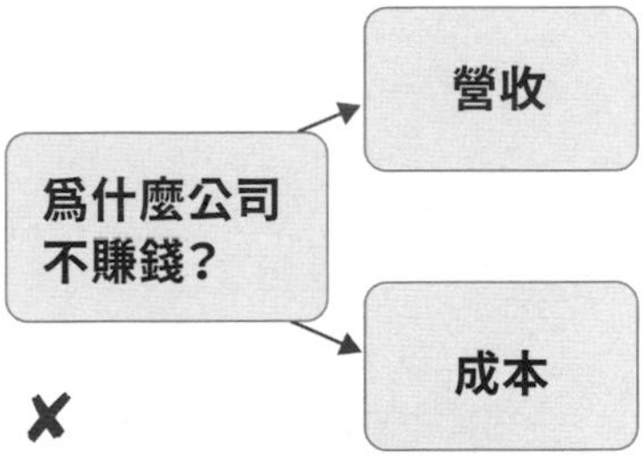

只有標題會出現模糊地帶：
別人要猜才知道你的意思

例如，想像用一張地圖來回答這個問題：「為什麼我們公司不賺錢？」若一個節點僅是簡單回答「營收」，就是個模糊的節點。營收？是指：營收來源過多？營收減少？單位之間的營收差異太大？還是營收太少？由此可見，如果節點的陳述只寫了「營收」，不同人在閱讀地圖時就會各自有不同的詮釋，進而產生分歧。與此相對，在每個節點表達一個想法——「因為我們的營收太少」，就不會留下任何解讀的模糊地帶。當然，或許其他人會不同意你的邏輯，甚至引起

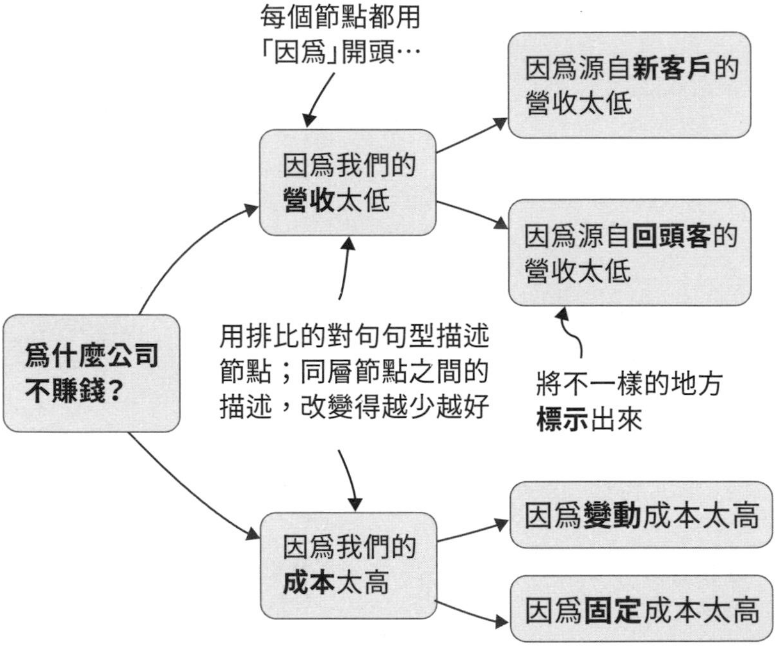

每個節點都用「因爲」開頭…
因爲我們的營收太低
因爲源自新客戶的營收太低
因爲源自回頭客的營收太低
爲什麼公司不賺錢？
用排比的對句句型描述節點；同層節點之間的描述，改變得越少越好
將不一樣的地方標示出來
因爲我們的成本太高
因爲變動成本太高
因爲固定成本太高

討論，不過這些都很好，至少你的想法是可以被理解的。

- **以清晰、一貫的語句描述節點：**除了使用陳述句，也要用清晰、一貫的語句來描述節點，如此能顯著提升「為什麼地圖」的品質。首先，每個節點都請用「因為」開頭；這非常合理，因為你用的是「為什麼」問句。其次，同一層次的節點描述請使用排比的對句句型，更能突顯出改變的因素為何。

你可能會忍不住忽略這個建議，畢竟字數越少越好，所以省略「因為」或許也可行。但在教導數百人繪製地圖之後，我們發現遵守指引框架節點的人通常邏輯概念比較好。之所以如此，我們認為是因為被限制在這個架構中，會使人們被迫整理思緒。

- **將眾多根本原因歸納成主要幾個類別：**繪製一張「為什麼地圖」通常會產生數十個節點，要個別分析每個節點太不切實際。與此相對，將它們聚集成思慮過後的分類因素更為切實。為了讓事情的進展更為務實，目標是將潛在根本原因劃分為二至五個大類別。

爲什麼地圖守則❸　具備 MECE 特性

一張有效的「為什麼地圖」之所以成功，在於它的 MECE（mutually exclusive and

collectively exhaustive）特性。MECE（發音 me-see）代表的是「互斥」與「互補」，MECE思考方式是指組織中一套專案的進行過程，如此一來只需針對某個項目處理一次即可[7]。

關於MECE思考方式的具體範例是：想像你開車到一個T字路口，你可以怎麼做？嗯，你可以繼續直行或左轉，但不能同時做到這兩件事，這兩個選項就是互斥，亦即：選了其中之一就是阻止你做另一件事——選項之間不能重疊。但是，在T字路口時直行或左轉可不是你的唯二選

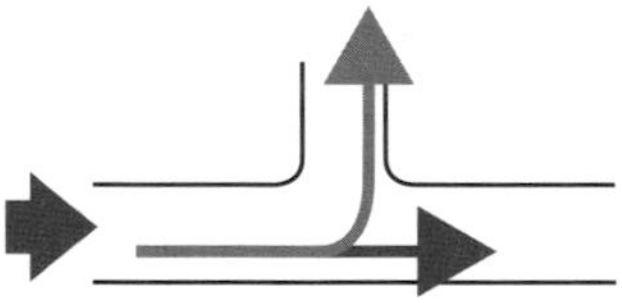

在T字路口時，你可以：

❶ 直走
❷ 左轉

但你不能同時做這兩件事。

在T字路口時，你可以：

❶ 留在原地
❷ 迴轉
❸ 走左邊的岔路
❹ 改變方向
❺ 變換車道
❻ 停下來
❼ 駛離道路

項，你也可以迴轉、停下來、改變方向或做其他事情。如果你把所有潛在選項列出，這個清單就是互補，亦即這份清單裡沒有何遺漏。MECE 清單裡沒有「重疊」（ME）也沒有「遺漏」（CE）。要互補就不能遺漏任何選項，所以你得非常有創造力；要互斥就必須強迫自己理解每個選項與其他選項之間的關係，因此思緒就會變得更加清晰。

MECE 特性是一個簡單概念，但是要讓你的思緒具備 MECE 特性往往沒那麼容易。如果你很幸運，你的問題就可以分解成一個個非常清楚的概念，就像遇到T字路口時可以做什麼一樣。然而，如果你的問題涉及更多籠統概念，例如：發展商業模式、提升員工士氣、重塑企業文化，那麼要以 MECE 的方式思考，就極具挑戰。

總的來說，一張好的地圖會具備 MECE 的特

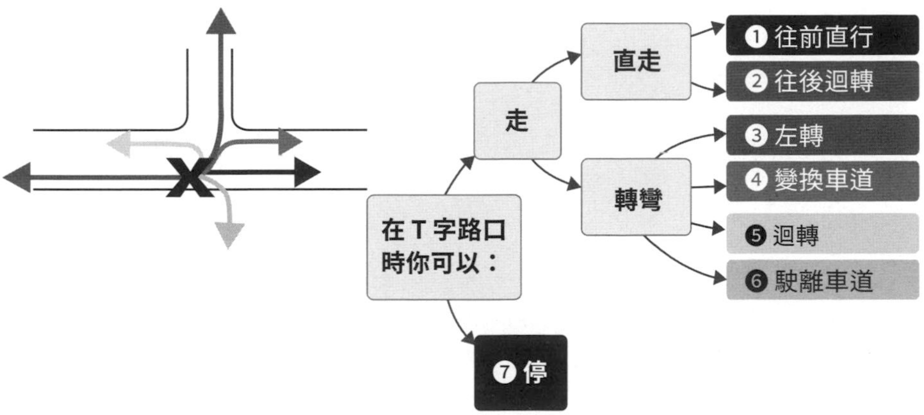

在 T 字路口
時你可以：
走
直走
轉彎
❶ 往前直行
❷ 往後迴轉
❸ 左轉
❹ 變換車道
❺ 迴轉
❻ 駛離車道
❼ 停

性：它的分支互斥，也就是不重疊。在上述盈利的範例（頁一一四）中，如果你的地圖最上層的分支是調查為什麼低營收會是公司不賺錢的因素，那麼最下層的分支就不該納入營收，在地圖上層處理營收問題，就可以避免下層再次處理。避開這種重複性，才能讓問題來源更加清楚。

另外，分支也應該要互補，沒有遺漏。因為利潤等於營收減掉成本，所以處理營收及成本就夠了，換言之，你的地圖不用再處理有關利潤等其他主題。

截至目前為止，我們介紹了什麼是 MECE 思考方式，但還沒有告訴各位如何建構 MECE 思考方式的具體辦法，關於這點，我們留待下一章介紹。在此，我們只強調一個概念：要做到互補，就是不要評斷你的想法。

在你的「為什麼地圖」裡，請納入所有潛在的根本原因，無論這個原因的可能性有多少，都請先全部納入，因為你不知道自己會遺漏了什麼。換言之，針對你的「為什麼」問題，請把所有符合邏輯的合理答案通通納入，不管它看起來多奇怪，請不要自己限制了自己——先想，之後再進行取捨判斷[8]。

斯道拉恩索重新思考看待樹木的方式

斯道拉恩索（Stora Enso）是一間瑞典芬蘭的全球供應商，主要業務是包裝、生物材料、木構造、紙張再生包裝資源公司（英雄）。二〇〇〇年代中期，紙張需求（當時斯道拉恩索的主要營收來源）快速衰退，促使該公司在二〇一〇年代初期為樹木資源尋求新的運用方式（寶藏）。

但是，他們不知道怎麼做才好（惡龍），可能是因為高階管理團隊的觀念還停在樹木的傳統應用。當時斯道拉恩索的執行長約科．卡維寧（Jouko Karvinen）觀察到：「我們只想到樹的物理元素：裡面的長木板可用在建築；其他部分可拿來做成紙漿，用在造紙、加熱用的木頭顆粒；其他的廢料如樹皮等就能拿來產生能量。」他們的分類是MECE：包含了所有物理樹木的重要元素（CE），沒有重疊（ME）。但是，這種「分解樹木」的方式沒辦法產生革新的運用方式，因為：缺乏洞察力。

為了此事，斯道拉恩索邀請該產業以外的工業工程師胡安．卡洛斯．布恩諾（Juan Carlos Bueno），因為他可以從不同觀點看待樹木，而不只是把樹分解成物理元素——他把樹分解成生化元素的MECE組合。當時分解完的部分與過往相比，截然不同，包括了木質素、纖維素、半纖維素，進而開啟了一連串全新的商機。其中一項就是TreeToTextile AB，是H&M及宜家家居的合資企業，其運用樹的纖維素開發了一款全新的紡織纖維。

胡安・卡洛斯對這個轉變的評論是：「在學習了傳統製造纖維素的方式後——打岔一下，這是整個纖維素產業數十年來運作的方式——發現它們要求分離纖維素，其餘生物質成分都作為能量生產的生物燃料燃燒。我決定尋找替代技術，來提高其他萃取物的價值，而不是把我們珍貴的半數原料都作為燃料燒掉。」

所以重點是？尋找更多如何「砍」樹的想法時，斯道拉恩索解開之前從未曾被思考過的可能性。

爲什麼地圖守則❹　具有洞察力[9]

一張好的「為什麼地圖」不僅邏輯成立，也相當管用。讓我們回到獲利的範例。在第一層，有一種途徑是把問題分成營利的兩大要素：營收及成本，也就是上述我們完成的部分。但實際上還有很多種開啟地圖的途徑，為此，我們不妨先暫停一下，試著找出另一種。

例如，我們可以透過檢查每條生產線的利潤來分解問題。如果選擇這個方式，我們能做的就是組合生產線的 MECE 清單。或者也可以看看缺乏獲利能力是老問題還是新問題。

無論如何，重點在於一張地圖上至少都會有兩種以上的「開路」方式，可以分解問題或節點。這些途徑或許不好發現，但確實存在。找出至少兩種很重要，因為可以幫助你從不同觀點檢視問題，或許就能從中激發出更多新的觀點。

最後，你只能從你考量的各種結構中選擇一種來「開啟」你的地圖。那麼，該用哪一個呢？嗯，當然是最有洞察力的那個！在上述的盈利範例中，假設三種候選結構都邏輯合理，那麼就要取決於哪一種結構最有用，也就是最有洞察力；至於有用與否，取決於你所處的環境。舉例來

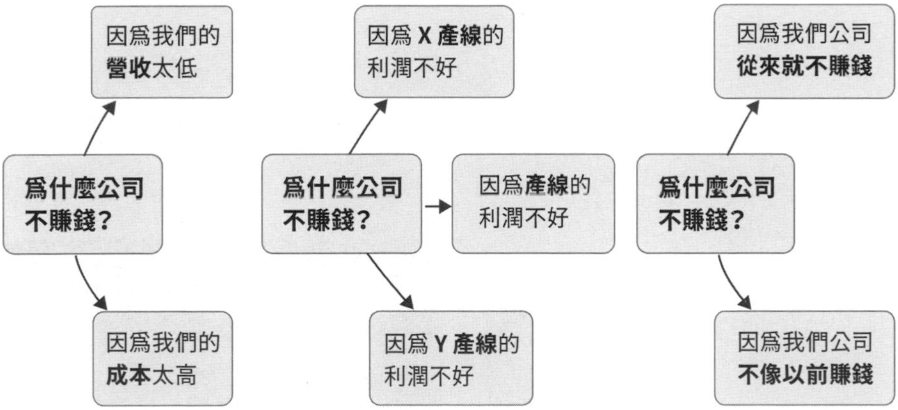

說，如果不同產線的獲利能力差距很大，那第二種結構可能最有幫助，因為它可以幫助你處理有問題的產線，也就先別管運作良好的產線了。同樣地，如果獲利能力差是最近的事，就用第三種結構，如此有助於問出所有重要的「哪裡有變化」。讀到這裡，想必你已開始想動手繪製自己的「為什麼地圖」了。

進行分析

透過繪製「為什麼地圖」，我們可以把所有問題的潛在根本原因通通列出來。然而，秉持科學方法的精神及其所需的機率心態，目前每個根本原因都只是需要被驗證的假設。

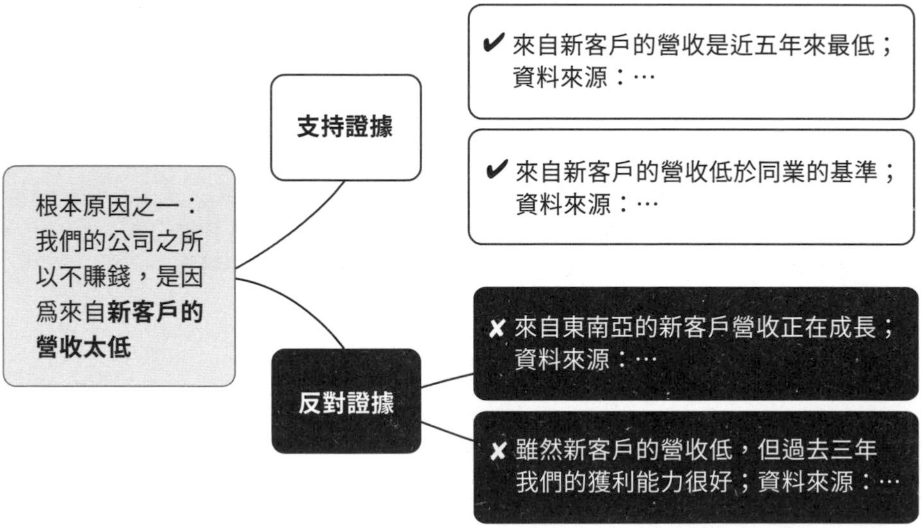
根本原因之一：我們的公司之所以不賺錢，是因爲來自新客戶的營收太低
支持證據
✔ 來自新客戶的營收是近五年來最低；資料來源：…
✔ 來自新客戶的營收低於同業的基準；資料來源：…
反對證據
✘ 來自東南亞的新客戶營收正在成長；資料來源：…
✘ 雖然新客戶的營收低，但過去三年我們的獲利能力很好；資料來源：…

因此下一步，必須調查手上的證據是「支持」還是「反對」這些假設，各位可以運用四個步驟的 LEAD 方法[10]：

一、**找出證據**（Locate the evidence）：辨別與蒐集可能和假設有關的證據類型。

二、**評估證據**（Evaluate the evidence）：評估每個證據的品質。

三、**綜合證據**（Synthesise the evidence）：將證據作為整體來評估，了解它的「還會如何？」

四、決定（Decide）：辨別是否可以接受或拒絕這個假設，還是需要更多的其他資訊。

其中，有一個重要的考量必須注意：支持反對證據。例如，假設我們想驗證的根本原因是：「我們的公司不賺錢是因為來自新客戶的營收太低。」相關的證據皆會影響這個假設的可能性——增加可能性（相信支持證據），或降低可能性（相信反對證據）。請注意，過於投入支持證據可能會導致過度自信[11]。

進行嚴謹的分析能幫助你發展出更全面的洞察力，進而提高找到更具影響力的解決方案的可能性。但是這種嚴謹也可能會改變你與主要關係人的合作，因為這麼做會證明你是徹底且公正地在蒐集及評估證據。

針對每一種假設，你可能都可以找出支持和反對證據[12]，這就是人生（雖然令人不太開心！），不過證據往往都是不完整、不確定、不清不楚的。此外，我們的偏誤也會促使我們尋找支持自己觀點的證據，因此我們最好去找反對證據。最後，判斷什麼樣的證據會改變你的想法，不妨也試著找到這樣的證據。你的工作就是去尋找品質最好的證據，而你會發現：集中精力去找反對證據，最終會決定你是否該推翻正在驗證的假設，它是否就是根本原因，還是要接受它[13]。最後請銘記在心，當你確定某個假設確實是根本原因時，並不能免除其他假設的可能性。有時，公司不賺錢是因為營收太低，成本卻太高[14]。

更新你的任務——重新框架問題

找出問題的根本原因，可以讓你更深入理解問題。例如，在診斷過後，可能會讓你導出公司不賺錢是因為營收太低的結論。這時請更新你的「英雄－寶藏－惡龍－任務」序列、納入上述觀點，好讓你的任務更具體。也就是，與其大範圍的提問：「我們應該如何提升獲利能力？」現在你可以問：「我們應該如何提升營收？」或者診斷之後可能會讓你發現問題根本超出了獲利能力的範圍，那麼你就能重新框架問題為：「我們應該如何提升投資報酬率？」

不過有一點切記，之所以可以這樣更新任務，前提在於投資報酬率、獲利能力、營收都是息息相關的概念，就像一組俄羅斯娃娃。至於究竟該處理哪一個部分取決於你目前的具體情況，直到你開始思考這組娃娃的各部分細節前都無法得知，不過藉由診斷問題，可以幫助你選擇該面對哪一個才可以得到最好的回報；也就是說，努力投資在哪個部分可以產生最多紅利。

我們強烈建議你透過繪製自己的「為什麼地圖」，把這些想法付諸實踐（此處也一樣，Dragon Master™應用程式可以幫上忙）。進行診斷分析、調整「英雄—寶藏—惡龍—任務」序列，就是徹底活用你在本章學習到的所有內容。

我們在第一章至第三章學習到的概念，都是為了盡我們所能找出最適當的任務。下一章開始，我們會變換主題：探索解決方案——也就是任務的潛在答案。

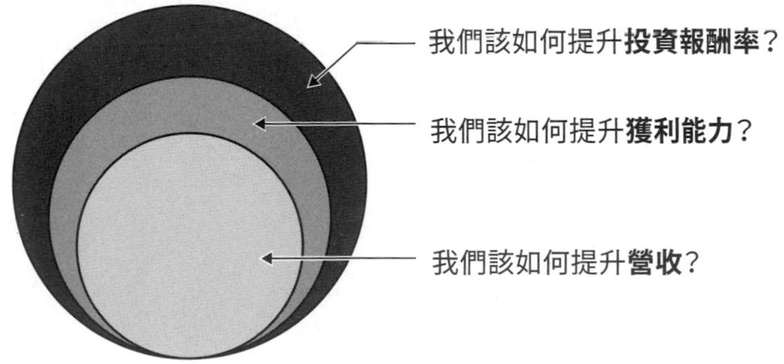
我們該如何提升**投資報酬率**？
我們該如何提升**獲利能力**？
我們該如何提升**營收**？

本章重點

「治標不治本」是一種無效的努力，所以應該先診斷你的問題是否正確。一般來說，當你第一次遇到你認為的問題時，請先假設這不是你應該要處理的問題。

繪製一張「為什麼地圖」可以幫助你辨識出問題的潛在根本原因。而一張有用的「為什麼地圖」應遵守以下四大守則：

- **地圖守則❶**：一張「為什麼地圖」只回答一個問題。
- **地圖守則❷**：從問題開始走向潛在的根本原因。
- **地圖守則❸**：運用 MECE 特性來思考繪製。
- **地圖守則❹**：具備洞察力。

透過分析相關證據評估每個根本原因的可能性，盡可能取得高品質的證據——特別是反對證據。

MECE 思考方式代表你的思考中必須沒有遺漏也沒有重疊。但請做好心理準備，要讓自己具備 MECE 思考方式非常具有挑戰性！想要做得好，就要多多練習！

「互補」要求你跳脫常規思維，其中有些具創造力的想法也許會有點奇怪或愚蠢，但還是值得好好思考，因為你不知道它可以激發出什麼樣的好想法，所以不要自動過濾。

最後，總結問題的根源，透過更新框架來綜合評估分析結果。

第二篇

探索——確立方案和準則

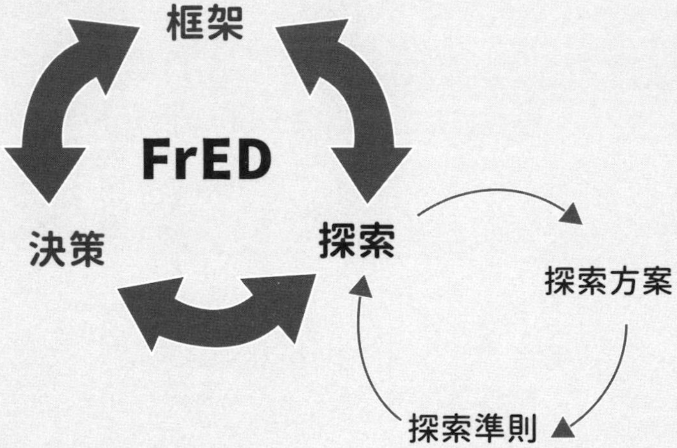

複習一下，欲解決問題你需要掌握四大要素：

- 一個能夠總結你所有問題的首要難題，亦即你的「任務」。
- 各種可以回應這個難題的「方案」。
- 「準則」可以幫助你找出你所偏好的方案。
- 用這個準則來「評估」每一個方案。

確認完「任務」之後，現在，讓我們將注意力轉移到探索解決方案和準則上。

在第四章我們將介紹如何使用「為什麼地圖」的近親——「如何地圖」來探索各種解決方案的可能性；第五章，則會接著說明如何探索出「各項準則」，並以這些準則為基準，找到最合適的問題解決方案。

第四章

勘測解決問題的空間——探索方案

截至目前為止，我們已經以任務的形式框架出問題，明確地找出「英雄」、「寶藏」、「惡龍」為何，此時，不論我們最先想到什麼樣的解決方案，都很容易想一頭栽進去開始尋找寶藏，但是往往擺在眼前的解決方案都不是最好的，而是任由自動導航（系統一思考）領導思緒時所容易產出的次優方案[1]。

以一家在澳洲營運的全球商業服務企業為例。這家公司的區域經理想跟總部要兩千萬美元，用來尋求開發新生意的機會，不過提案被駁回了。一開

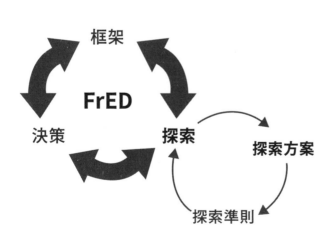

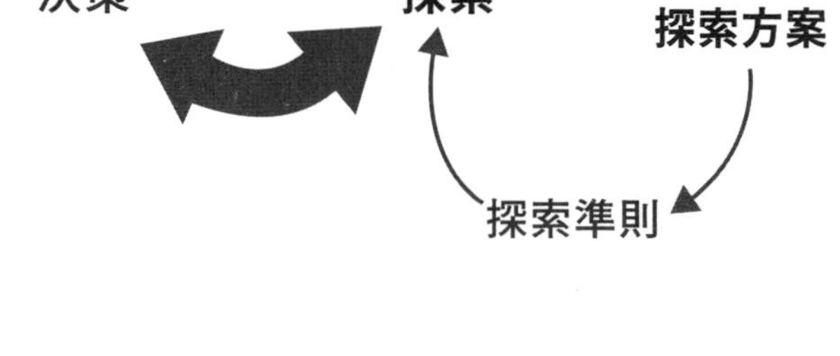

始他的反應是辭職，但團隊說服他再找找開發新生意的其他方式，例如和其他企業合作，最終這個方法成功了。由此可見，跨出那些顯而易見的解決方案，其實更有益[2]。

本章的主要內容就是介紹該如何避免這種常見的陷阱，我們會提出有系統的方法來幫助各位探索更廣泛的選項，藉此發展出具體可行的解決方案[3]。

這個過程和我們用來找出潛在根本原因的方法一樣[4]。首先，我們會運用「擴散性思考」導出選項，繪製「如何地圖」；一旦覺得創意耗盡就改用「聚斂性思考」，把潛在選項總結成一組組具體的備選方案，也就是我們覺得可行性最高的方案。接著我們會以系統性的方式比較各方案之間的優缺點（詳見第六章）。

運用四個地圖守則從左向右移動

一張管用的「如何地圖」和「為什麼地圖」一樣，需遵守四大地圖守則；由於只有問句的類型不同，因此守則也只有些微差異。現在，就讓我們一起來看看。

如何地圖守則❶　只回答一個「如何」的提問

「如何地圖」只回答一個問題，而基本上問法會是：「﹝英雄﹞要如何得到﹝寶藏﹞」。舉例來說：「有鑒於……，我們要如何提升公司的獲利能力？」注意，這個問題的巧妙用詞：「我們要如何」或「我們可以如何」，而不是「我們應該如何」。

之所以要使用這樣的詞彙，是為了探索任何可能、甚至是看似荒謬的想法，因此請把評估這些想法是否適宜的過程推遲到最後。這是我們從設計思考者那裡偷來的點子；設計師在發想時通常會刻意選擇用詞，為自由思考創造更大的空間[5]。

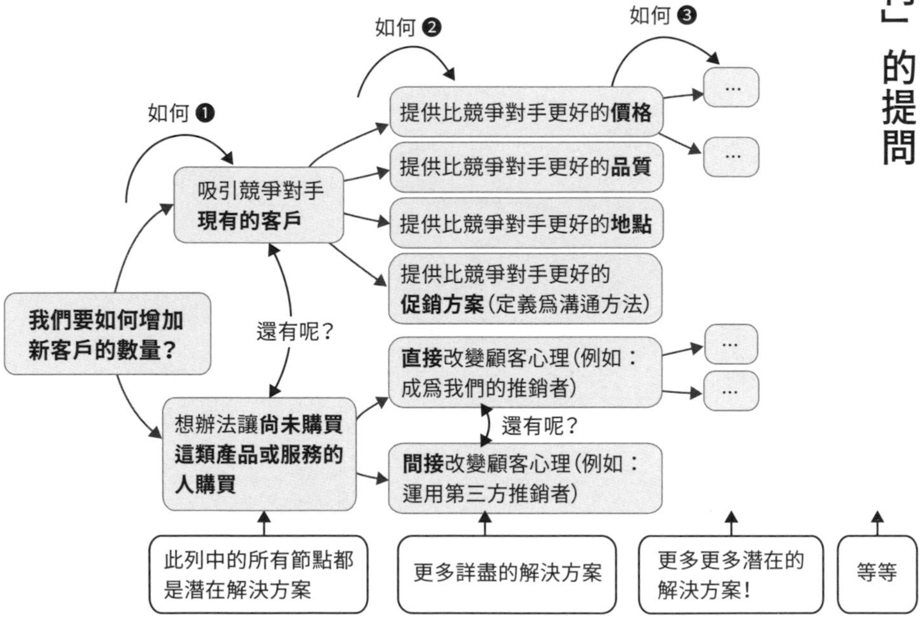
如何 ❶
如何 ❷
如何 ❸
我們要如何增加新客戶的數量？
吸引競爭對手現有的客戶
想辦法讓尚未購買這類產品或服務的人購買
還有呢？
提供比競爭對手更好的價格
提供比競爭對手更好的品質
提供比競爭對手更好的地點
提供比競爭對手更好的促銷方案（定義爲溝通方法）
直接改變顧客心理（例如：成爲我們的推銷者）
間接改變顧客心理（例如：運用第三方推銷者）
還有呢？
…
…
…
…
此列中的所有節點都是潛在解決方案
更多詳盡的解決方案
更多更多潛在的解決方案！
等等

其中，有一個重要的意義是地圖中的每個節點（也就是選項），都必須可以在沒有其他節點的補充之下完整回答問題，也就是：獨立作答。為了讓各位更明白這是什麼意思，我們一起來看看這個例子：「我要如何從紐約去倫敦？」如果你回答「海運／空運／陸運」，則每個選項都是獨立的，不需要其他選項補充說明即回答了問題——你可以把它們想成「通道」。

與此相對，你可能會想列出需要「做什麼」才能從紐約到倫敦，來回答這個問題，也就是：選擇運輸方式、買票和去機場，但是這些步驟都不是獨立的，想要從紐約到倫敦，以上這些過程你都必須完成——這些不是選項而是過程中的步驟。一張成功的「如何地圖」會使用通道，而不是過程中的步驟。

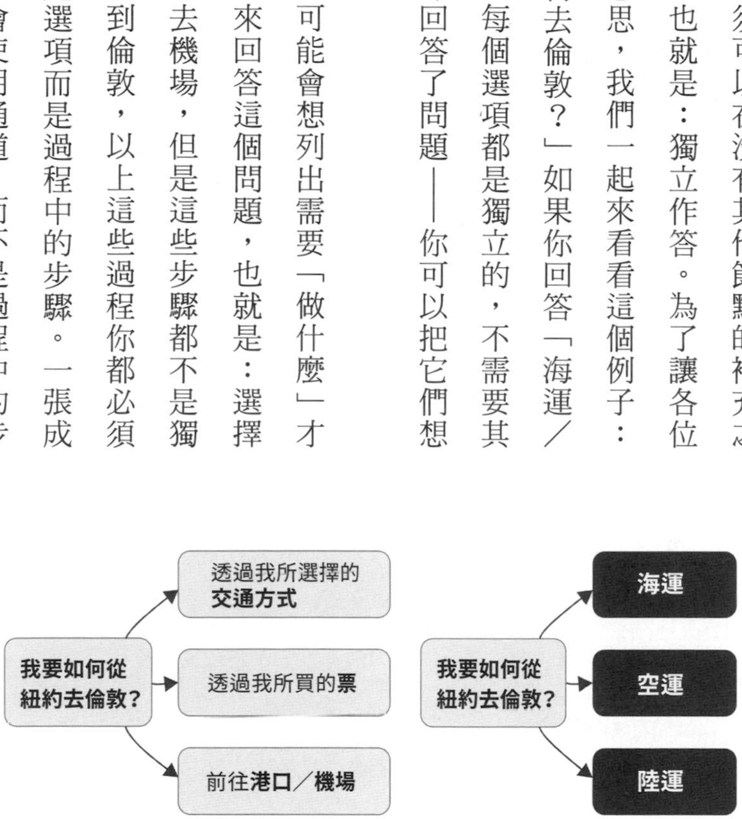

✗ **過程中的步驟：**這些都不是獨立概念，要實行其中一個時，也需要實行其他步驟。

✔ **通道：**這些想法都可以獨立實現，各自都不需要其他想法的輔助。

如何地圖守則❷　從提問走向方案

請用兩個問題來繪製你的地圖：往水平方向「問如何」，一般會延伸三次或更多；再往垂直方向開創更多分支，問問「還有什麼選項」？以上這些能幫助你在地圖上標示出解決的空間，從而更精準地找出方案（從左至右），甚至是更有創意（從上至下）的選項。持續問「如何」直到對你來說選項夠具體、可以想像選項如何被付諸實踐。舉例來說，從紐約到倫敦的其中一種方式，就是買英國航空 BA 1511 班次的經濟艙機票飛過去。

此外，和「為什麼地圖」一樣，在「如何地圖」上所寫下的每個節點，都要是完整的陳述句——一個回答了問題的完整想法，而是只

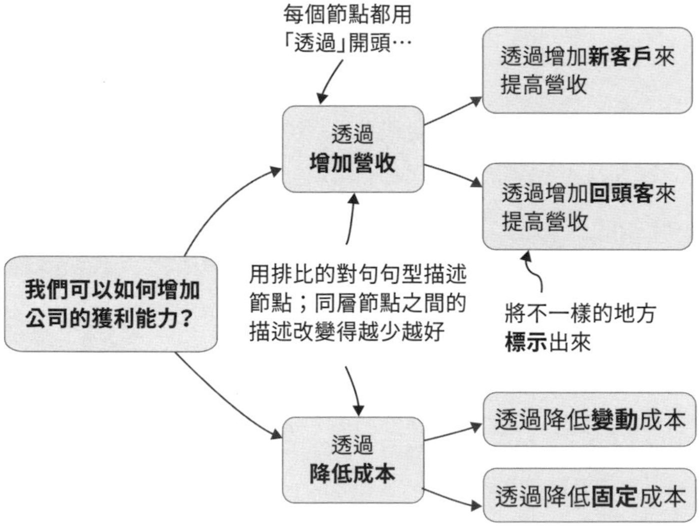

有個標題。例如，如果想增加公司的客戶量，不要只寫「競爭對手的客戶」，更精確的敘述方式是：「從競爭對手那裡獲得新客戶」，至於節點的架構，一定是「透過某事……加上動詞」。遵守這個規則或許會讓繪製地圖的過程多個幾分鐘，但我們可以藉此找出精確度，避免之後產生混淆和誤解，整體來說或許可以省下更多時間。

如何地圖守則❸ 具備 MECE 特性

「如何地圖」有兩個關鍵功能。第一，探索解決方案的空間，發想新的點子；第二，系統化組織空間，如此一來就能通盤考慮所有潛在答案，以及——沒錯，這表示你可以運用 MECE 思考策略。

現在，如果你正質疑實際繪製方案地圖的必要性，想想這個：透過表現出具體空間，地理地圖可以幫助你選擇前往目的地的路線——身處在不熟悉的環境時，沒有人會質疑地圖的價值。同理，在解決問題的世界中，「如何地圖」的功能就像地理地圖一樣，藉由幫助你探索和組織各種可行的解決方案，以便做出選擇來找到你的寶藏。

想讓你的地圖具備 MECE 思考策略，這相當有挑戰性。為了幫助你做到這點，和繪製

「為什麼地圖」一樣（請見第三章），請遵守相同的方式。另外，還有以下幾個方法可以共同運用在這兩種地圖上：

・**任何節點下的子節點數量，請控制在三至五個**：當一個節點有很多子節點時，就會很難維持在 MECE 特性的思考策略，或驗證其是否具備 MECE 特性。

我們都還記得，曾經有人向我們展示過一份有十五個要點的簡報，當下我們的大腦自動登出（並打開手機），因為根本不可能理解這團混亂。不過，限制子節點數不代表你不能表達具體想法！之所以要限制在一定數量，是為了避免讓你的想法通通聚集在某一層上，而是能夠逐步向外開展。另外，也不要讓一個節點只有一個子節點，因為這就表示：要不你的子節點不是 CE 特性（需要至少一

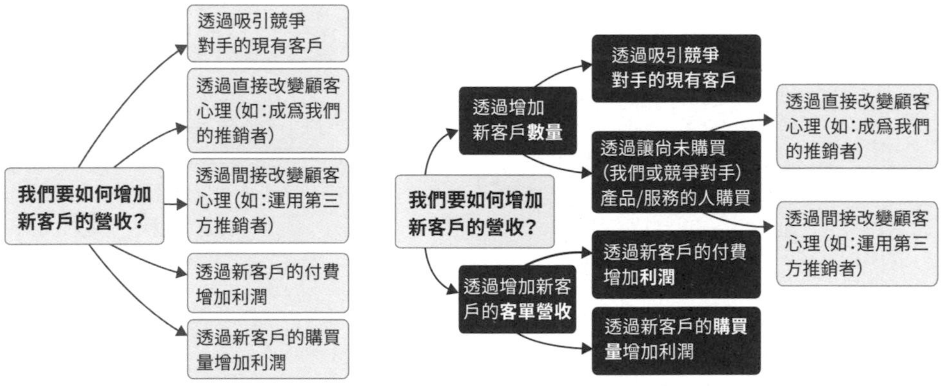

✘ **有很多子節點**就難以用MECE特性進行思考（或確認是否具備MECE特性）

✔ **限制子節點數量**，增加分支的層次，能幫助你想得更清楚

組節點），要不節點和子節點就要結合成單一節點。

・**運用邏輯來推動想法的成形**：根據我們的經驗，在地圖上運用 MECE 思考策略，是一種藉由邏輯推演來釋放創造力的好方法。舉例來說，如果其中一個節點是：「透過吸引競爭對手的現有客戶轉而向我們購買商品」，則可以繼續在同一層次的節點上，找出新客戶的其他來源。如果我們可以透過從競爭對手那裡「偷」來客戶，還有哪裡可以找到新客戶呢？也許是「透過讓目前沒有購買這類（無論是我們或競爭對手的）產品／服務的人購買」。在這個例子中，加入邏輯表示你將找出所有新客戶的潛在來源。

所謂創造節點，其實就設置空的「心智水桶」（mental bucket），透過直接的刺激來激發大腦，進而使大腦充滿想法。根據我們的經驗，和只使用一張白紙相比，藉由「思考策略」來推動想法更有幫助，也能引導出更廣泛的想法。不過現在不要欺騙自己：地圖上的多數想法可能是不可行或不滿意的，所以最終大多數會被捨棄掉，但是別讓它們限制你以更革新的方式進行思考。記得，藉由繪製地圖你會「產生」很多想法，別著急，先讓想法產出，稍後再一一仔細「評估」。

・**讓節點 ICE（獨立且互補）**：地圖本身的結構就是 MECE，亦即：如果某個想法出現在地圖的某部分，那麼它就無法出現在另一部分（結構是 ME），且地圖中包含所有可能的想法（CE）。也就是說，地圖中的節點，它們的想法都是獨立且互補，亦即 ICE（independent and collectively exhaustive）。在此，「獨立」的意思是一個想法可以在沒有其他想法的輔助下繼續深究，所以可以同時深究好幾個想法，也就是說：沒有任何單獨想法，還需要其他想法補充之後才能深究下去（詳見本章的地圖守則一：「如何地圖」只回答一個「如何」的提問）。

如何地圖守則❹　具有洞察力

一張好的「如何地圖」不只有很多以 MECE 特性所呈現的想法，也可以幫助你獲得許多可行的備選方案，而這表示「如何地圖」必須具備洞察力：邏輯正確，價值豐富。再讓我們看看從紐約到倫敦的例子，你可以從很多方式著手你的地圖，包括強調運輸方式：

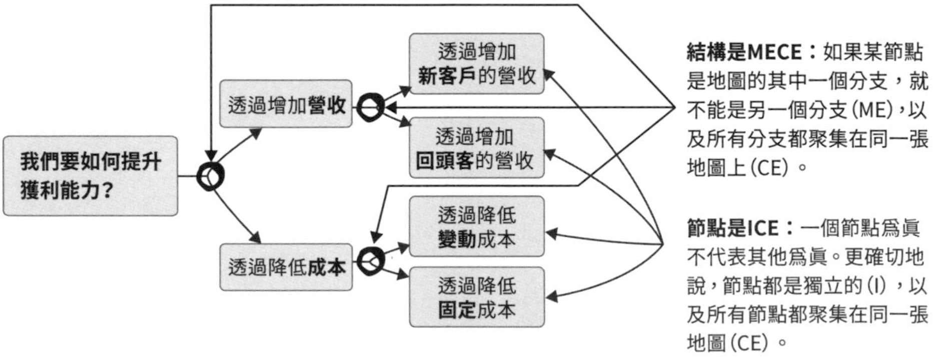
我們要如何提升獲利能力？
透過增加營收
透過降低成本
透過增加新客戶的營收
透過增加回頭客的營收
透過降低變動成本
透過降低固定成本
結構是MECE：如果某節點是地圖的其中一個分支，就不能是另一個分支（ME），以及所有分支都聚集在同一張地圖上（CE）。
節點是ICE：一個節點爲眞不代表其他爲眞。更確切地說，節點都是獨立的（I），以及所有節點都聚集在同一張地圖（CE）。

- **運輸方式：**透過陸運／空運／海運的方式移動。
- **價格：**透過免費／付費的運輸方式。
- **碳足跡：**使用產生不同（低／中／高）碳足跡的運輸方式。
- **風險：**使用會有不同（低／中／高）相關安全風險的運輸方式。

或者依據速度、便利性、舒適度、靈活度、隱匿性……，沒錯，有很多種方式可以開始你的地圖！那麼，該如何開始發展你的地圖？嗯，當然是從最具有洞察力的方式！不過即使我們對所謂的「洞察力」有明確的定義（可被邏輯驗證及管用；詳見第三章），但對不同的人來說，洞察力也意味著不同的事。

例如，也許你非常有環保意識，就像瑞典環保少女格蕾塔・童貝里（Greta Thunberg）選擇航渡大西洋去參加聯合

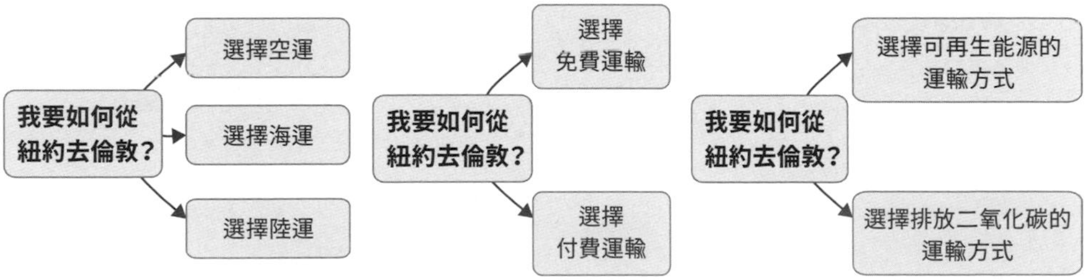

國氣候大會時，就可能只會考慮可再生能源的運輸方式[6]。在此，發展至第三種結構或許是最有幫助的，能幫你專注於找出最值得考慮的途徑。例如，可以像多數商務人士、觀光客一樣，選擇較傳統的方式；那麼第一種方法可能可以提供最有效的分類。不管是哪種情況，你都不會知道第一個選項有多少洞察力，直到它與其他選項相比，所以試著想出至少兩種選項，再繼續拓展你的地圖。

另一種更具洞察力的方式，就是避免用「其他」，特別是在第一層。用「其他」會讓你的地圖層級CE第一眼看過去也許不錯，但地圖的另一個重要價值就是表現「具體想法」，而使用「其他」就沒有這種特性了——至少在地圖的那個層級裡沒有。因此為了維持

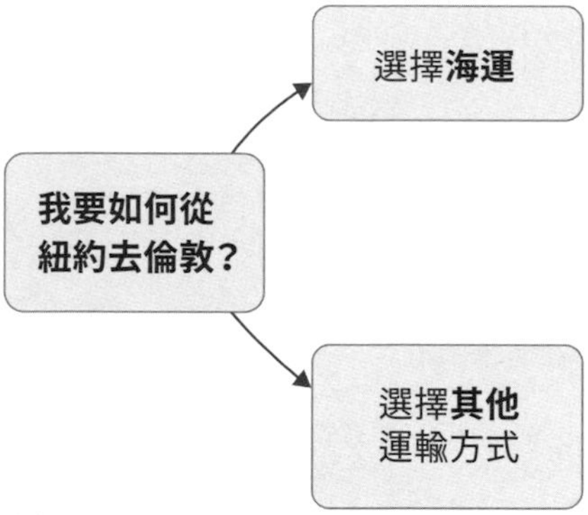

✘ **使用「其他」**雖然可以讓CE完整，但會降低洞察力

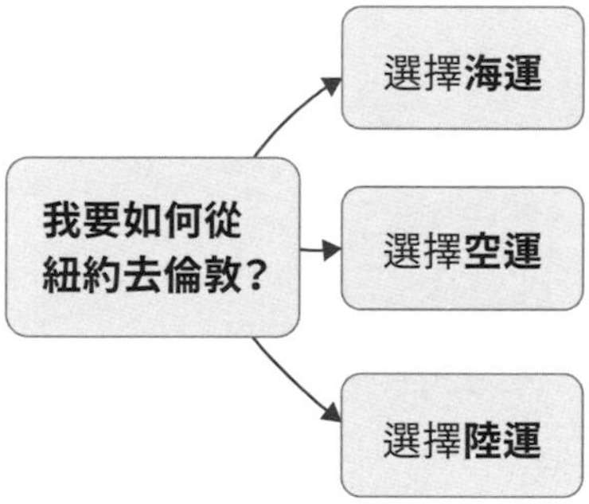

✔ **說清楚「其他」代表什麼**，可以讓你更具洞察力

洞察力，最好避免使用「其他」。然而，不使用「其他」的規則下有一個例外，就是當你想創造預留空間、之後再回頭討論時。另一個例外，則是你已經在地圖的最高層級，其餘部分對於解決方案的發想空間的影響相對有限。

從右向左移動創造選項

以提出「腦力激盪法」（brainstorming）而聞名的美國心理學家艾力克斯・奧斯本（Alex Osborn）曾說「得到一個好點子的最好方法，就是有很多點子」。同樣地，美國化學家、諾貝爾獎得主萊納斯・鮑林（Linus Pauling）指出：「得到好點子的方法就是先有很多點子，然後

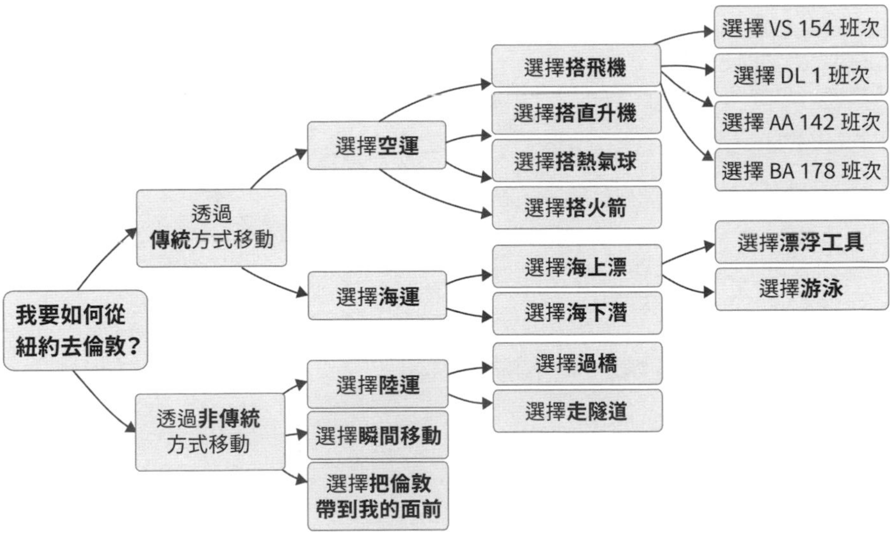

再把不好的排除」。為了具體說明實踐的方法，想一想愛迪生知名的電流實驗，其經過好幾年、數百種材料實驗，才選擇了碳絲，他最常被引用的名言是：「我不是失敗一萬次，而是我成功地找出一萬種方法，只是不管用。」經驗證據（empirical evidence）也支持這個說法——有更多想法才能找出更好的想法[7]。

「如何地圖」的主要功能是藉由有系統的方式探索並組織解決方案的空間，幫助你完成擴散性思考。在多數情況下開發一個有效地圖可以「從左向右」推進（即使用架構來找出想法），或者「從右向左」推進（即用非結構化

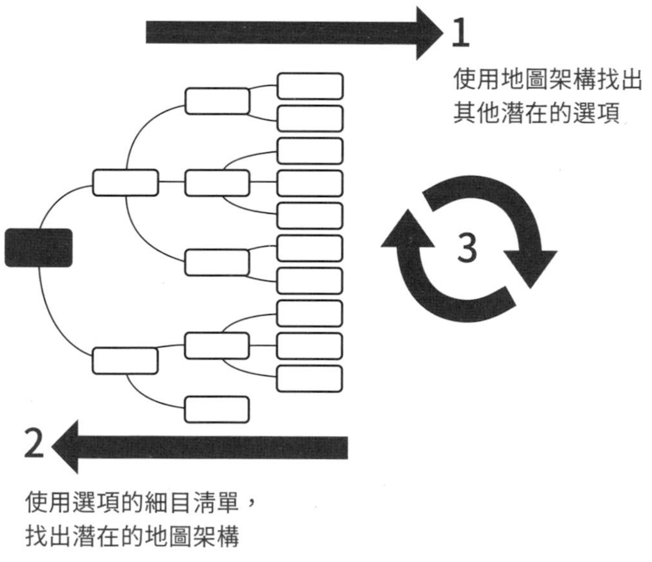
1
使用地圖架構找出其他潛在的選項
3
2
使用選項的細目清單，找出潛在的地圖架構

的選項清單，找出有洞察力的架構）。從任何你所偏好的方向開始都可以，在分析過程中這兩種方式都能讓你受益匪淺。我們已經討論了由左至右開發「如何地圖」的方式。現在，我們簡單看一下三種產出新想法的具體作法：（一）運用在類似問題的解決方案、（二）重新框架問題，以及（三）放寬預設的限制。

推動（有建設性的！）反對意見[8]

在某些文化中，特別是權力差距大的文化中，群眾很容易默認 HiPPO（Highest Paid Person's Opinion）——最高薪資者的意見，或者其他不必要的共識形式。為什麼這些共識是不必要的？因為，低階群體成員的自我審查會阻撓「因不同觀點的摩擦而產生創新和發展的可能性」。

主要關係人的「群體多樣性」可以避免團隊之間的成員想法太相似。多樣性包括「身分多樣性」，也就是年紀、性別、文化、民族認同；而「功能多樣性」就是代表人們表達和解決問題的方式[9]。身分多樣性可以降低相關經驗的有害影響，功能多樣性則可以推動解決方案的發展空間，使其有更詳盡的探索[10]；相關研究顯示，後者對團體表現有正面影響[11]。

整體而言，我們需要組建一個具有不同觀點及互補所長的團隊[12]。制定決策前的激烈爭辯會有所幫助，其中，反對意見是避免「團體迷思」（也就是團隊成員變得較不獨立[13]），或「次優意見匯聚」的有效方式[14]。

此外，如果你是團隊中最資深的人，也可以考慮不參加產生創意想法的過程。不是因為你不會有好想法，而是因為你的出現可能會限制團隊中其他成員的創意[15]。

推動反對意見的方式有很多種，包括指示反對意見，例如，無論小團體的個人意見如何，都要求他們採取反對意見來反對共識（唱反調）[16]。以上這些方法都可以改善討論的品質[17]。

運用在類似問題的解決方案

你可能會好奇，該如何開始產生想法。首先，可以從和你相同領域或不同領域的問題解決者身上學習，將他們的解決方案套用在你的問題上。

想像高中校長想加快學生餐廳的午餐排隊時間，她可以先確認：是否有哪些動線移動得比其他動線快、確認是否有動線的移動速度比以前慢，或者，看看其他學校有沒有好方法能借鏡。更廣泛一點，她還可以看看其他妥善管理結帳流程的機構，比如：便利商店、機場登機門、公共泳池；也可以和擅於管理人群的管理者討論，例如：體育場、遊樂園、購物中心的經理。但是為什麼要停在這裡呢？

有時你可以從看似不相關的地方得到靈感，例如，看著大自然想到工程設計，即所謂的「仿生學」（biomimicry）——這是日本工程師設計出著名子彈列車新幹線的靈感來源。他們之前的設計會造成列車在高速駛離隧道時發出尖銳的聲波，為了尋找靈感，設計團隊在大自然中尋找可以面對空氣阻力突然改變的東西。他們發現，翠鳥喙的特殊構造可以讓牠們在不耗損過多能量的情況下，從低阻力的半空俯衝進入高阻力的水中。這項發現，啟發了新幹線開發出其獨特的圓錐形鼻頭，就像是翠鳥的喙一樣[18]。

雖然我們遇到的多數問題表面上看起來都相當特別，但以仿生學為靈感則有助於我們找到多數問題與其他問題的相似架構，即使是本質完全不同的問題也一樣；這種常見的情況稱之為「壅塞」（congestion）。「壅塞」指的是我們想要的更多東西，與我們較不想要的東西之間，並不相符；獲利問題就是一個經典的壅塞例子（想要更多營收並降低成本）。「如何

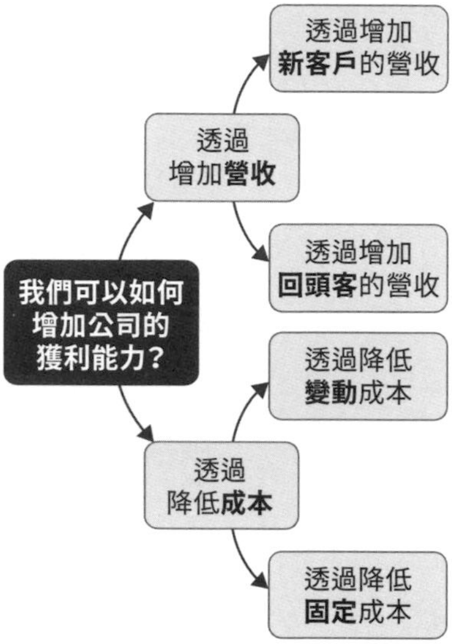
我們可以如何增加公司的獲利能力？
透過增加營收
透過增加新客戶的營收
透過增加回頭客的營收
透過降低成本
透過降低變動成本
透過降低固定成本

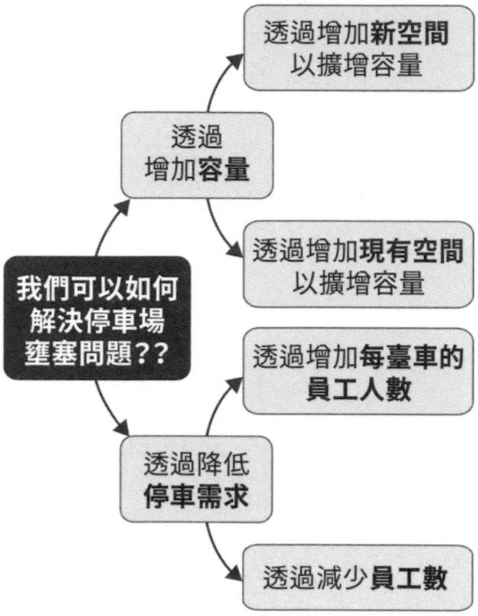
我們可以如何解決停車場壅塞問題??
透過增加容量
透過增加新空間以擴增容量
透過增加現有空間以擴增容量
透過降低停車需求
透過增加每臺車的員工人數
透過減少員工數

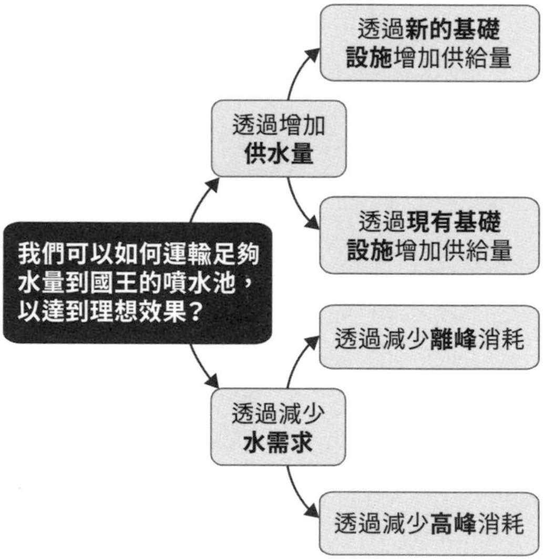
我們可以如何運輸足夠水量到國王的噴水池，以達到理想效果？
透過增加供水量
透過新的基礎設施增加供給量
透過現有基礎設施增加供給量
透過減少水需求
透過減少離峰消耗
透過減少高峰消耗

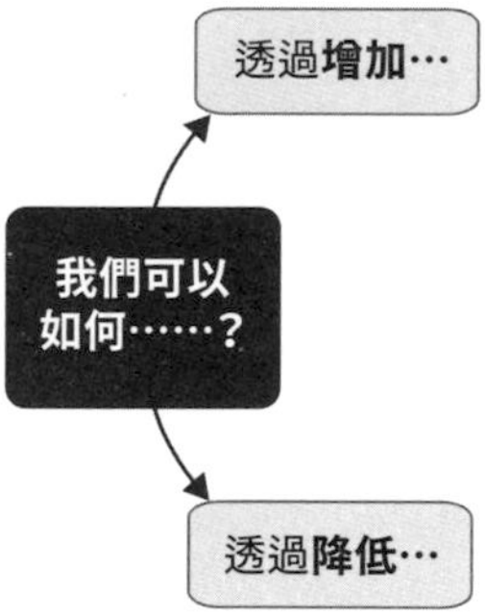
我們可以如何……？
透過增加…
透過降低…

地圖」的架構提供了能有效處理這類「看似完全不同但結構相似的問題」（也稱為「同構問題」〔isomorphic problem〕）的藍圖。停車場的停車動線安排，或是路易十四的噴水池水量問題（請見第一章）[19]，都屬於同構問題。

重新框架問題

為了說明「從右到左」的地圖思考方式可以產生某些重新框架問題的顯著成效，想像一下你是一棟大樓的經理，而居民抱怨電梯太慢。一開始，你可能會從左到右地問：「我們可以如何加快電梯速度？」現在，請花一分鐘的時間畫出這個版本的「如何地圖」。

也許你的地圖和我們的部分相似，但在深入研究每個分支的細節之前，請把「現有電梯」和「新增電梯」分隔開來，但是，現在切換到「從右向左」的創造想法路徑，可能就會發現最初的框架過於局限。

例如，你可能會想分散電梯使用者的注意力，讓他們覺得電梯變快了，如何？這就有很多方式了：給他們一臺電視看、放一面鏡子讓他們欣賞自己、放一份報紙給他們看、播廣播節目讓他們聽、提供免費網路讓他們滑手機……，所有你想得出的都可以，但重點是有發現

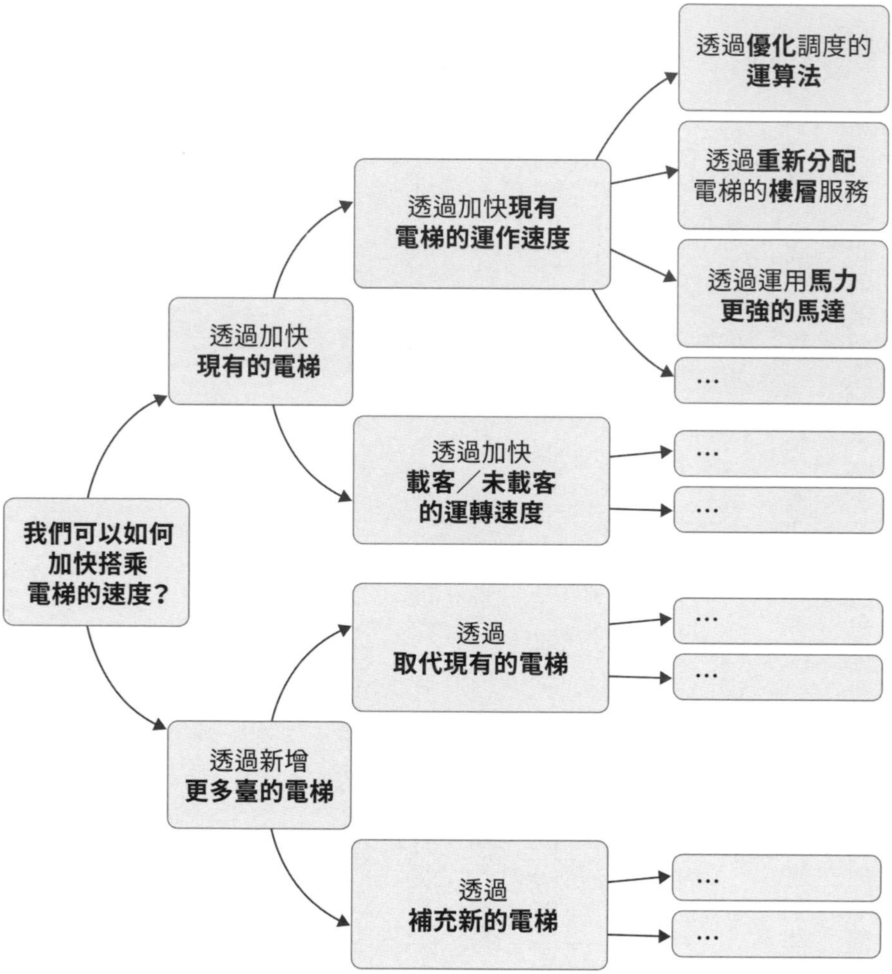
我們可以如何加快搭乘電梯的速度？
透過加快現有的電梯
透過新增更多臺的電梯
透過加快現有電梯的運作速度
透過加快載客／未載客的運轉速度
透過取代現有的電梯
透過補充新的電梯
透過優化調度的運算法
透過重新分配電梯的樓層服務
透過運用馬力更強的馬達
…

嗎？這些想法都不符合你最初的「如何地圖」[20]。

現在如果你相信這些想法都值得一試，你就可以回頭拓展問題，讓問題配合這些選項。例如，可以重新框架你的任務，變成：「我們可以如何讓使用者滿意電梯的速度？」這個新思考策略打開了奇妙的通道；畢竟，裝一些鏡子可比換掉電梯馬達或安裝新電梯的花費少得多！

關鍵是，在這個例子中可以發現，有時工程問題不代表一定得要用工程方面的方法才能解決問題。以更寬廣或更狹窄的範圍重新框架問題，可以大幅提升我們解決問題的能力。雖然這個想法看似微不足道，但毫無疑問地，看看你現在過於狹窄或寬廣的問題框架，往往都並非微不足道。

第二個觀察結果，是問題框架與選項產生了緊密關係。一個接著一個，如此兩者之間的更迭能有所反饋，因為新證據能幫助我們得到與問題有關的新見解。

放寬預設的限制

每個人都有心理過濾器，尤其在解決問題時它會自動濾除「過於瘋狂的想法」。雖然心

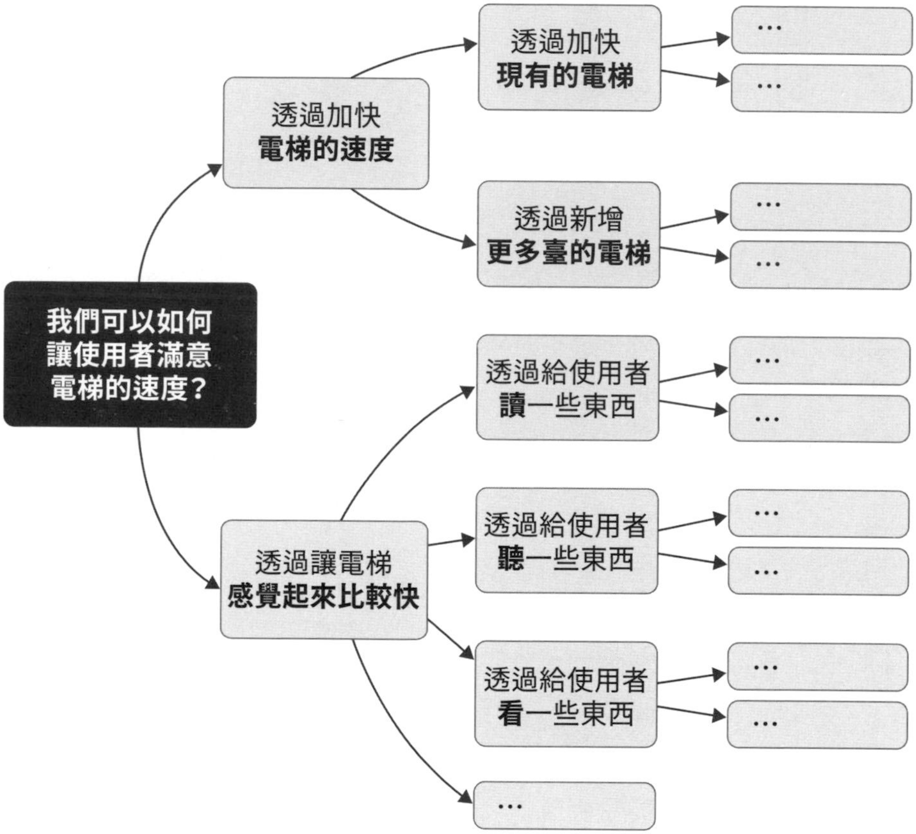
我們可以如何讓使用者滿意電梯的速度？
透過加快電梯的速度
透過加快現有的電梯
…
…
透過新增更多臺的電梯
…
…
透過讓電梯感覺起來比較快
透過給使用者讀一些東西
…
…
透過給使用者聽一些東西
…
…
透過給使用者看一些東西
…
…
…

理過濾器能讓我們務實一點，但也可能阻礙我們的創造力，導致我們過早排除某些選項，因為它們看起來太不切實際了。

要拓展解決方案的空間，想一想是什麼阻礙了你產生想法？不妨用「如果」問問看：如果我們不在意成本？如果我們的主要關係人也參與其中？如果我們能和最強的競爭對手合作？放寬限制可能會把你帶回到後勤資源的設定（詳見第一章）。例如，你可能會問：「如果我們有兩到三倍的預算呢？」或「如果我們有六個月時間處理問題，而不只是四週呢？」

在 MECE 思考策略中，我們已經見過「還有什麼」問句的影響力，這個提問可以幫我們找出更多備選方案的答案。至於「如果……？」的提問則是「質疑假設的約束條件」以及「視為理所當然的傳統方法，是因為事情就是這樣完成」的更進一步練習，換言之，問問自己「如果……？」可以讓你擺脫傳統與習慣的束縛。

然而，還是要再次強調，在這些想法之中會有很多是不可行、不理想，甚至被視為荒謬的，畢竟，在預算有限之內按時完成專案非常重要。但如果時間允許，激發出很多荒謬的想法也不是件壞事。因為一個看似荒謬的想法可能是好點子的開端，不妨試著把荒謬想法的理想性與實際想法的可行性結合起來，加以實踐吧！

結合「從左向右」和「從右向左」的方法

「從左向右」及「從右向左」的點子產生法並非相互排斥，反而是一種互補，所以把它們結合起來往往會帶來不少幫助。如果你從選項開始思考，在某些時刻可以透過消除重疊或相似的想法，來整理一連串冗長的選項和思緒。同樣地，如果你從架構開始，在某些時刻你將不可避免地好奇：該如何在特定分類中產生更進一步的想法。此外，不僅依賴邏輯，善用由下至上的工具（例如腦力寫作〔brainwriting〕）也有助於激發點子。

不論喜歡哪一種方法，都需要處理一個緊張局勢：一方面，你想要引導整個過程，並在解決問題的過程中建立動力。另一方面，你還需要有耐性去欣賞壞點子的價值，為什麼？因為我們通常很難在一開始就確定這個想法是否不切實際。

即使看似荒唐的想法，也可能藏有絕佳點子的種子，所以給你的潛意識一點時間去做這件事。事實上，研究顯示：有創意的想法往往就在你做不相關的事情時跳出來，例如：洗澡、運動、冥想、做夢[21]。例如，加州大學柏克萊分校神經科學家馬修．沃克（Matthew Walker）指出，我們的大腦在睡眠時快速動眼期會產生不明顯的連結，進而發展出預期以外的創造力思考策略[22]。想要解決困難問題？多睡點，洗個澡，或者去做任何可以讓你放鬆的事情吧！

該如何決定什麼時候停止探索？

你需要探索不同選項來找出各種可行的解決方案，以免在解決問題的過程中草草結尾。但是探索選項可能沒完沒了！畢竟，你可能永遠無法確認你的選項組合是否完全窮盡。在多數解決問題的計畫中，時間都很寶貴，所以：你什麼時候該停止探索？

所謂的「探索」是指：尋找未經證實但可能帶來潛在回饋的新選項，而「利用」則是堅持使用一個現存的好選項。對於「探索－利用困境」（exploration- exploitation dilemma），目前沒有已知的最佳解法，甚至可能不存在一體適用的解決方法[23]。話雖如此，還是有一些文獻提供了不同的見解。

我們經常把搜索範圍限制在可能方案的組合裡，尤其是當我們的經驗不足以引導自己的時候[24]，因此，評估你的選項多樣性可能會有所幫助：如果這些選項都是同類型，或者非常相關，那麼或許你會想要繼續挑戰自我，繼續探索可能的選項。

花費在探索的時間長短取決於「機會成本」：如果不在探索階段多花點時間，你還能做什麼？如果進一步的探索會造成往後得「深思熟慮才能做出決定」或必須「說服關係人」（這兩件事情都很重要且也相當花時間），那麼現在或許就是往前一步、停止探索的好時機。我們經常看到管理者很快（甚至可以說是飛快）就結束了他們的探索，這種觀察結果與無回報的探索結果是一致的[25]。與此相對，有些團隊不願意停止探索，不管他們自己是否有意識到這一點，他們都希望可以藉由探索得更多，好讓他們發現只有好處而沒有壞處的妙方。但就我們的經驗，無論進行了多少的探索，妙方都不存在。所以，與其專注於找出不需權衡取捨的解決方案，不如透過權衡取捨來完成工作。了解到檯面上的選項就是所有選項，才能讓團隊從探索階段走到下一步。

總而言之，記住，將有限的時間平均分配給框架、探索和決策三個階段，進而獲得最終的好結果，可能比把所有時間都押保在某個階段，以致另外某兩個階段沒有充裕的時間能夠妥善進行來得更好。

用你的選項創造解決方案

現在你的擴散性思考已經推動「如何地圖」的發展，其中，可能包含了二、三十種，甚至更多不同細節程度的想法。由於你已經囊括了所有獨立於理想性以外的所有想法，所以有些選項比其他選項更有希望。另外，即使你不想馬上做出最後的決定、確定要實施哪個解決方案（我們會在第六章介紹這個部分），將你的思緒集中在一組組可管理的具體方案後進行評估還是有所幫助，而這就是我們在探索階段從擴散性思考轉為聚斂性思考的地方。

想建構良好的備選解決方案組合，多少取決於問題本身，但還是有少數規則可運用。

每個備選方案對於問題來說，都是符合邏輯的有效答案

每個解決方案都有回答整體問題的潛力，不需要其他方案的補充說明。舉一個我們已經相當熟悉的例子，重新看看九十五頁的表格：在寶獅汽車的案例中，因為問題是問「如何滿足配銷需求的任務，其定義為銷售及提供終身售後維修服務」，因此在每個備選的解決方案中，都必須是完整的配銷方案，所以「只透過銷售」不會是有效的備選解決方案，因為它只處理了難題中的銷售部分，卻沒有提供該如何提供維修的方向。

請注意，一個備選方案可能由好幾個小部分的個別解決方案所組成；每個解方或許可能規模都很小，但作為一個整體、組成一個組合，就能解決難題[26]。因此，提高獲利能力的備選方案，可能會增加目標市場中的回頭客收入，同時減少某條生產線的變動成本。

一個問題至少要有兩種方案，但不要太多

如果你只有一種解決方案，就沒有辦法進行決策，所以你需要至少兩種解決方案。考慮多個備選方案的好處，不僅可以增加找到更好的潛在解決方案的可能性，還能以備不時之需——當你所偏好的方案不管用時，還有其他方案能派上用場[27]。

另外，準備多種方案也能減少團隊中的政治角力。根據我們的經驗，人們在謹慎思考範圍更廣泛的方案時，往往不會對特定方案投入過多，因此很容易改變意見。囊括多個方案能讓你整合那些與你有不同觀點的關係人之意見，同時考量他們的偏好不僅能幫助你思考決策的利弊，也有助你準備之後可能要面對的困難對話。但請注意，準備更多方案不一定會更好，擁有更多方案所得的回報可能遞減，同時可能帶來負面回報——有太多方案會讓我們苦於選擇障礙[28]。

這些方案理論上互相排斥

如果你可以同時執行兩種方案，那就不需要選擇了！所以全部的方案都必須合理地相互排斥：執行一個方案可能會阻撓你執行另一種方案。正如美國管理學學者羅傑．馬丁（Roger

Martin）所言：「所謂真正的選擇，是必須放棄一件事才能獲得另一件事的策略利益。如果可以同時採取多種選擇，或者只有一種明智的選擇，那麼這家公司就不會面臨真正的策略選擇[29]。」

簡而言之，對於多數決策來說，我們不能什麼都想要——即使我們經常認為我們可以。解決複雜問題的困難現實就在於：必須權衡取捨一連串相似的「利益－成本」之間的利弊——追尋某種方案可以讓你獲得一些你所重視的東西，但代價是得放棄某些你同樣重視的其他東西。

方案都是具體的

只要你的備選方案仍是概念性或抽象的，就很難評估它們，所以請讓你的備選方案盡可能具體化，如此可以改善你的思考策略。當你開發出一種解決方案時，問問自己：這是我可以做的事嗎？買、賣、還是其他？能進行此評估的方法，就是我們在框架問題時用過的方法：把你的解決方案的初始草稿拿給不熟悉問題的某人看，請他們在你面前大聲唸出來，這樣你就知道他們會卡在哪裡；讀完後請他們對你解釋一遍，這樣你就知道方案是否夠具體。

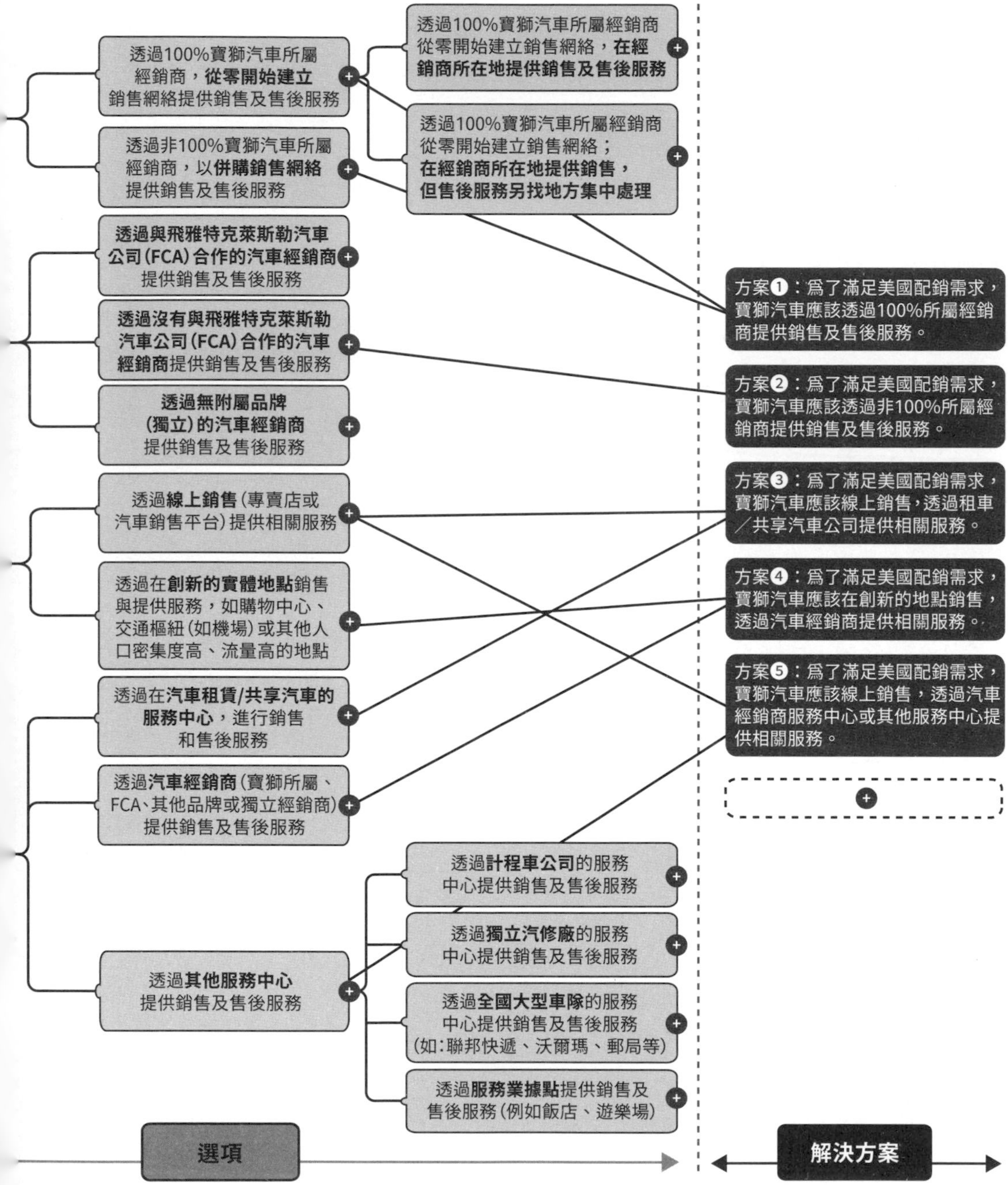
透過100%寶獅汽車所屬經銷商，從零開始建立銷售網絡提供銷售及售後服務
透過非100%寶獅汽車所屬經銷商，以併購銷售網絡提供銷售及售後服務
透過100%寶獅汽車所屬經銷商從零開始建立銷售網絡，在經銷商所在地提供銷售及售後服務
透過100%寶獅汽車所屬經銷商從零開始建立銷售網絡；在經銷商所在地提供銷售，但售後服務另找地方集中處理
透過與飛雅特克萊斯勒汽車公司(FCA)合作的汽車經銷商提供銷售及售後服務
透過沒有與飛雅特克萊斯勒汽車公司(FCA)合作的汽車經銷商提供銷售及售後服務
透過無附屬品牌(獨立)的汽車經銷商提供銷售及售後服務
透過線上銷售(專賣店或汽車銷售平台)提供相關服務
透過在創新的實體地點銷售與提供服務，如購物中心、交通樞紐(如機場)或其他人口密集度高、流量高的地點
透過在汽車租賃/共享汽車的服務中心，進行銷售和售後服務
透過汽車經銷商(寶獅所屬、FCA、其他品牌或獨立經銷商)提供銷售及售後服務
透過其他服務中心提供銷售及售後服務
透過計程車公司的服務中心提供銷售及售後服務
透過獨立汽修廠的服務中心提供銷售及售後服務
透過全國大型車隊的服務中心提供銷售及售後服務(如：聯邦快遞、沃爾瑪、郵局等)
透過服務業據點提供銷售及售後服務(例如飯店、遊樂場)
方案❶：為了滿足美國配銷需求，寶獅汽車應該透過100%所屬經銷商提供銷售及售後服務。
方案❷：為了滿足美國配銷需求，寶獅汽車應該透過非100%所屬經銷商提供銷售及售後服務。
方案❸：為了滿足美國配銷需求，寶獅汽車應該線上銷售，透過租車／共享汽車公司提供相關服務。
方案❹：為了滿足美國配銷需求，寶獅汽車應該在創新的地點銷售，透過汽車經銷商提供相關服務。
方案❺：為了滿足美國配銷需求，寶獅汽車應該線上銷售，透過汽車經銷商服務中心或其他服務中心提供相關服務。
選項
解決方案

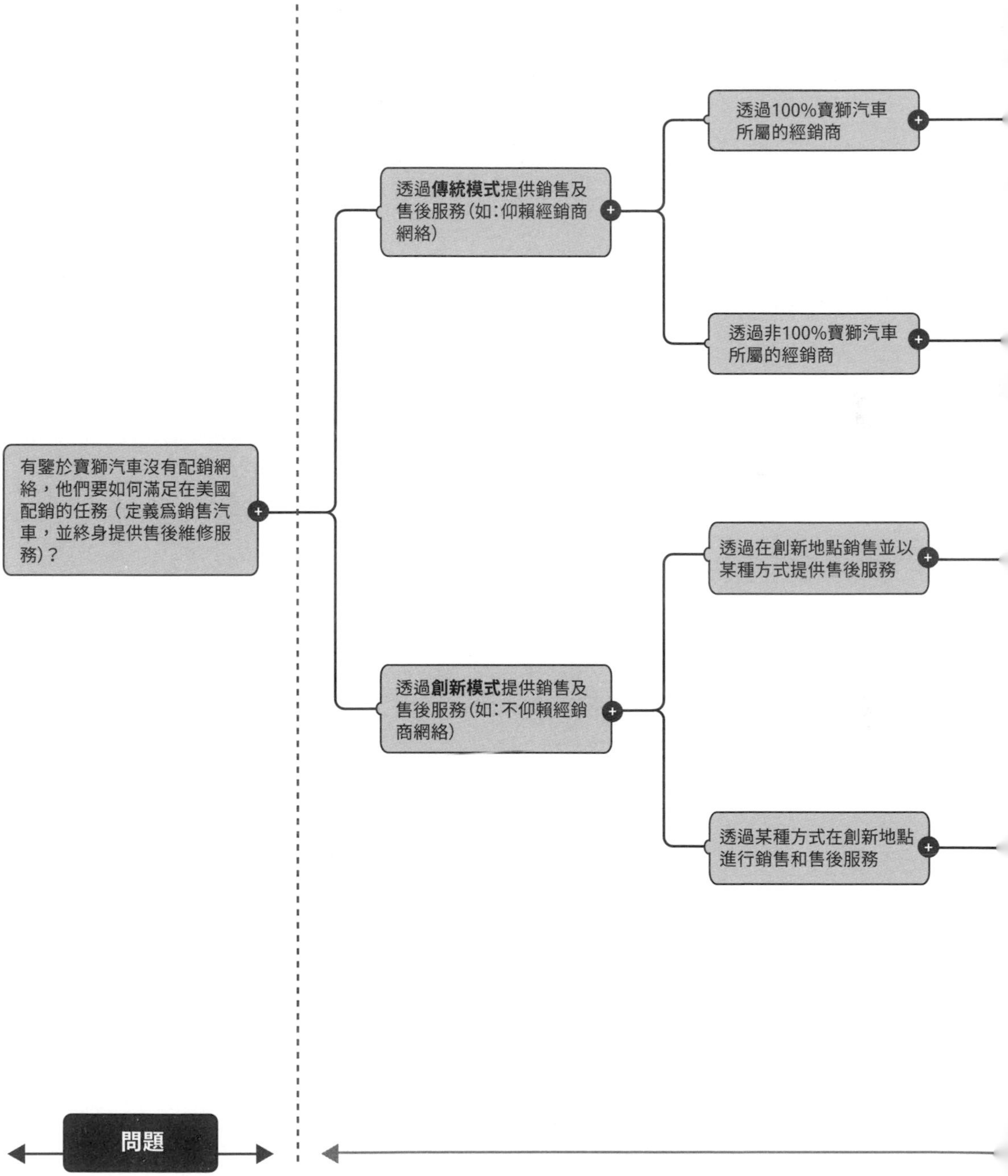
有鑒於寶獅汽車沒有配銷網絡，他們要如何滿足在美國配銷的任務（定義爲銷售汽車，並終身提供售後維修服務）？
透過傳統模式提供銷售及售後服務（如：仰賴經銷商網絡）
透過100%寶獅汽車所屬的經銷商
透過非100%寶獅汽車所屬的經銷商
透過創新模式提供銷售及售後服務（如：不仰賴經銷商網絡）
透過在創新地點銷售並以某種方式提供售後服務
透過某種方式在創新地點進行銷售和售後服務
問題

方案都是有望可行的

雖然開發「如何地圖」的目的是創造更多選項，但顯然我們無法全部實踐——說實在的，我們可能也不想這麼做。雖然我們的正式評估會在下一步進行，不過現在已經可以開始過濾看起來不可行的方案了。當把選項轉換成解決方案時，請捨棄那些顯然不可行或不符期待的選項，並驗證真正有效的解決方案（不是讓真正方案看起來比較好的假方案），同時，把那些看起來太相似的選項汰除。根據我們的經驗，如果團隊成員對於備選的解決方案意見分歧，那麼或許你提出的想法都是不錯的[30]。依據經驗法則，請持續尋找各種可行的方案，直到團隊成員至少滿意其中的兩個為止。

在實務上，各種可行的備選解決方案可以源自地圖上的任何位置。為了幫助各位理解這一點，請參考以下類比：我們的任務是為我們的客人準備一道美味的晚餐佳餚。

在這個類比中，地圖中的選項就是我們準備餐點的食材。地圖可以幫我們列出每一種材料（別漏掉任何一個，也不要重複列舉），而解決方案就是食譜。最後，決策就是找出我們覺得最好料理的食譜，有些食譜（解決方案）可能只需要單一食材（選項），而其他食譜則會用到多種食材。

本章重點

不要急著執行第一個想到的解決方案，反之，在過程中先採用擴散性思考。你可以從發展「如何地圖」開始，系統化地找出並組織解決問題的各種方式。

一張好的「如何地圖」和「為什麼地圖」一樣，必須遵守以下四個守則：

- **地圖守則❶**：地圖只回答一個「如何」或「為什麼」問句。
- **地圖守則❷**：地圖從「提問」走向「潛在解決方案」。
- **地圖守則❸**：地圖具備 MECE 特性。
- **地圖守則❹**：地圖具有洞察力。

不要讓 MECE 思考策略和洞察力阻礙了你！如果你可以想出一個絕佳的地圖架構，沒問題，不過先從發想一連串可能的選項開始也可以。最後，你的「如何地圖」確實需要 MECE 及洞察力架構，但不代表你一開始就要具備這些架構。

如果你能讓關係人參與，就不要獨立開發解決方案；其實我們的目標是共同創造解決方案的空間！不要過度自動指責：「如何地圖」有助於探索各種可行方案空間。根據定義而言，它會包含很多愚蠢的想法，沒關係，先用地圖概念化，之後再進行評估。

第五章

找出重要的東西——探索準則

目前為止，我們已經在第二篇探索出各種可行的備選解決方案，在這一章將告訴各位如何探索用來評估這些方案的準則。你將學著找出對你和關係人來說真正重要的東西，如此就能謹慎評估每個備選解決方案的利與弊；也會學到如何確認準則的優先順序，以便用最好的方式體現出團隊的觀點。

想像一下這個場景：你正面臨困難的決策，需要和其中一位同事達成共識，但你知道自己應該不會妥協，於是你預定了一場會議，希望能藉此達成共識。會議前，你提醒自己要敞開心胸，並試著站在對方的

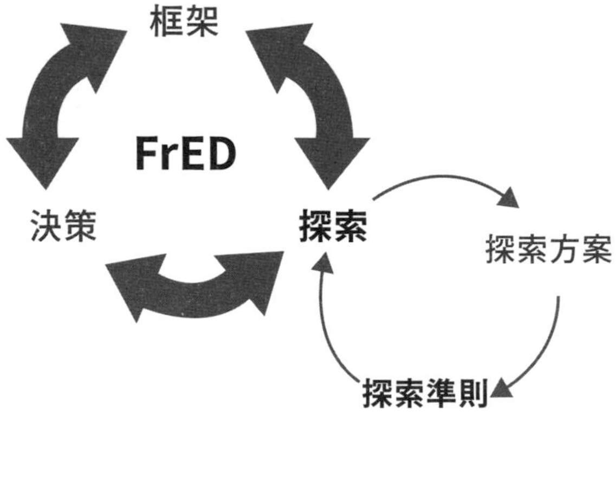

角度來看待這件事情。然而會議一開始，你的同事就直截了當地說出他想做什麼，以及為什麼要這麼做的理由，而你也用自己所偏好的方案加以反駁，暴露出無法跨越的鴻溝。兩位都堅持己見，局面劍拔弩張，一無所獲，陷入僵局。

人們經常太快跳進為自己偏好的方案辯護的階段，而這種情況，是非營利組織應用理性中心（Center for Applied Rationality）創立者茱莉亞・蓋勒芙（Julia Galef）所稱的「士兵心態」（soldier mindset）[1]。與此相對，如果我們推遲選擇直到結構化的流程結束，我們的直覺判斷力就會大幅提升[2]。因此，以開放的心態開始是較為明智的——就如蓋勒芙說的「偵查兵心態」（scout mindset。編注：即渴望看到事物本來面貌）。一方面，這種開放心態可以用來發展各種備選的解決方案，也就是前一章完成的事情，另一方面，可以用來表達當我們獲得寶藏時，對我們來說最重要的事情是什麼，亦即：決策準則。

制定策略決策需要追求相互競爭的目標，因此不可避免地要做出權衡[3]。例如，可能需要為了發展新產品而制定「走入市場策略」（go-to-market strategy），而此策略必須有效、成本低、符合組織價值觀。因此，你需要為了重要的東西，放棄另一些你認為也很重要的東西——不管你選擇哪一個方案都有代價。你必須明白「天下沒有白吃的午餐」這句名言，如果在決策過程中有些事情看起來太簡單，可能就是你忽略某些事情了。

如果一個方案看起來好得不得了，可能是……

我們曾和二十位以上的旅遊業資深企業主管進行一個創新的活動計畫。這是密集的多日計畫，同時每個團隊都在緊鑼密鼓地開發新產品。某個早晨，在一整晚熬夜工作之後，某個團隊笑著出現了：「我們做到了！」他們自豪地說：「我們開發出一個方案，從各種準則來看都是最好的！」「太棒了！」我們回應他們：「但只有一個問題：如果這個方案這麼棒，你們之前怎麼沒有發現？」他們馬上說：「嗯，因為我們的執行長絕對不會同意。」然後他們停了一下，開始思考剛才說過的話。

他們花了一點時間理解剛才發生了什麼事。更進一步追根究底之後，他們意識到自己忘記考量：方案是否符合執行長對整體策略和實踐風險的規劃。所以他們重新開始，用新出現的準則來改善他們的方案。

就像你我一樣，有很多聰明、認真工作的人，花大把時間面對自己的難題，但是忽略了很基本的東西。我們之所以提出這個例子，是為了強調整合所有相關準則（包括你自己和關係人的準則）其實沒有想像中那麼簡單，這需要付出一定的努力。

就像我們總是喜歡過早地在有限的選項中選出解決方案，我們自然也只會想到一部分的評估準則。現在我們平心而論，準則可不會出現在整齊劃一的清單裡，複雜問題通常需要深度探索，在問題、方案、準則之間反覆琢磨。除此之外，關係人之間的重要因素不同，所以往往沒有客觀的最佳選項。

再次重申：複雜問題沒有單一解方，只有相對好（和相對差）的方案[4]。我們不追求一個正確解答，我們追求的是一個最合適，或者至少是一個可接受的解決方案。

現在，讓我們一起來看看什麼是一套好的準則及其如何被開發出來。好消息是我們可以利用前幾章的工具，因為一套好的準則理論上具備：互補、互斥、洞察力的特性[5]。

如何集結一套合理且窮盡的準則？

一份良好的清單具有與其他清單不同的準則，這樣就不會重複納入相同內容，同時，這種清單也會相當詳盡，不會讓你忘記任何重要的事情。

一套基本且通用的準則，應該要同時具備「可行性」（feasibility）和「期望性」

（desirability），就像你會想選擇可以實踐（可行性）的方案，以及比起其他方案更想實踐的方案（期望性）。雖然這個準則具有普遍性，幾乎可運用於所有決策，但也可以用來釐清特定決策的可行性及期望性。

準則不僅有助於你在各種方案之間進行選擇，也可以作為創造新方案的平臺。想一想買房子的例子，如果我們一開始就更明確地把噪音問題列為考量，也許就能讓我們轉而去看附近或其他地區的房子。但是請注意，把這套準則的規模控制在可掌控的範圍，它必須在「窮盡」與「精簡」之間取得平衡，而這表示要排除次要的準則[6]。

選擇互斥的準則

一般來說，準則都會重疊。回顧一下從紐約到倫敦的例子，你可能會在意腿部空間、隱密性、舒適度，雖然這些可能都很重要，但你可能混淆了概念層級，例如腿部空間可能是舒適度定義的一個子分類，如果你在相同的概念級別裡將它們視為個別準則，就會重複列入解決方案的某些觀點，如此一來，之後在「加權和法」（weighted sum approach）中就會出現

（沒那麼）安靜的瑞士鄉村

在沒有充分瞭解對你而言什麼是最重要的情況下就做出「重大決策」，是一件非常危險的事情。即使過了十年，阿爾布雷特（作者之一）仍記得在瑞士日內瓦湖（Lake Geneva）買下一間房子的事情。那裡的房市供不應求，很少有機會能買到理想的物件。於是他先設定一套準則，包括：購入價、房間數、建築品質、學校距離、花園大小等。等到機會一出現他馬上出手，快速成交，深怕萬一沒買到，別人馬上就會搶得先機。然而，他搬進那間房子的第一晚，他開著窗戶睡覺，幾公里外高速公路的噪音讓他一整晚都難以入睡！這真是一大衝擊，因為他非常重視睡眠品質，尤其喜歡開著窗戶、微風徐徐地入睡，但是，他沒有在決策過程中明確地列出這個準則。

要改善這項缺失需要大規模翻修——把窗戶移到房子後側。現在，正如他所嚮往的，他可以開著窗戶享受寧靜的夜晚，但如果他一開始就謹慎地列出自己的準則規範，可能會過得更輕鬆點。這樣如果沒有別的意外，他就可以睜著眼睛（張開耳朵！）走進這個環境，第一晚的驚喜就不會如此令人不悅了。你可能會說：「重要的事情顯而易見吧？」或許吧！但是我們一次又一次的（在自己與別人身上）看到，當時間與其他壓力在重要的決策時刻出現時，其實很難看清真正重要的事情是什麼。

問題。

以舒適度來說，很容易就能找出重複的準則。但是，對於更抽象的準則，例如：組織契合度、文化價值一致性及其他相似的無形觀念，由於在概念上互不相同，就更難以探索準則。儘管如此，不管是為了努力解決問題還是之後講述你的結論，創造清楚的準則仍是相當重要的一環。倘若因為你的思路不夠清晰以致受眾困惑，那麼他們就不太可能相信你的判斷，或者被你的論點給說服。

究竟該怎麼做？永遠記得問「為什麼這件事情很重要」？例如，你可能會說腿部空間對你來說很重要，為什麼？因為這樣可以伸展我的腳，而為什麼這很重要？因為可以避免抽筋，而為什麼這件事很重要？因為這能讓我在旅途中更舒適。到這裡你就能停下來，說到這裡已經很具體，不需要解釋為什麼舒適很重要。

多問幾次「為什麼」能幫你從「工具性準則」轉向「根本性準則」，最終你可以利用這樣的準則來評估方案。根據經驗法則，如果兩個準則在方案中的分數相近，你可能會想深入探索是否其中一個準則是另一個的子準則。如果是這樣，就再整理你的準則吧！

選擇具備洞察力的準則

好的準則可以清楚顯現出解決方案中重要的事情。那麼該如何衡量這個準則是否有洞察力？有兩個關鍵特性：絕不含糊且可以衡量。絕不含糊的意思是準則可被明確定義。想想看，若以「報酬」作為決定工作機會的準則，你會只考量底薪，還是也包括年度獎金、健保、退休金、傷殘險和其他福利？每個人都有各自的解讀，如果你沒有明確定義出「報酬」所包括的項目，那麼就會產生分歧。

同時，也應該具體說明如何衡量每個準則，像是財務報酬和其他容易量化的準則，如價格、重量、時間、距離等，這些都是非常清楚明瞭的準則。

然而，並非所有準則都適用這個方法。好比與品質相關的準則，如：文化適合度、幸福感、感知風險等，需要你和關係人針對評分方式做出判斷[7]。更明確地說，做出判斷沒有錯，但是表達你的結論時要能夠解釋「為什麼這個方案的評分高或低」，用令人信服的態度面對可能會批評的受眾。在這些設定中，以品質較弱的證據所形成的結論，如：軼聞、故事或類比，會弱於立基於「結構性資料」（hard data）所得出來的結論。

事實上，讓你的準則全部根據同一方向變化，相當有幫助。例如，分數越高越好，而這樣的準則稱為「效益準則」（benefit criteria）。想一想對我們來說從紐約到倫敦，重要的準則有價格、速度、舒適度、環保度（無碳排放），其中後三者速度、舒適度及環保度，都是效益準則：每一項在方案中得到高分都會比低分者更受歡迎。但價格就不是這麼一回事，高價會帶出較差的方案。

不過，這裡有簡單的解決方法：我們要做的就是以「可負擔度」來取代「價格」。儘管看似不重要，然而當所有準則成為效益準則，就能讓你在評估整體分數、計算結果、與關係人交換觀點時少頭痛點。

最後，為每個準則標示出一個合適的範圍。想做到這點，最好的方法就是為每個準則設立零至一百的分數。我們繼續以紐約到倫敦

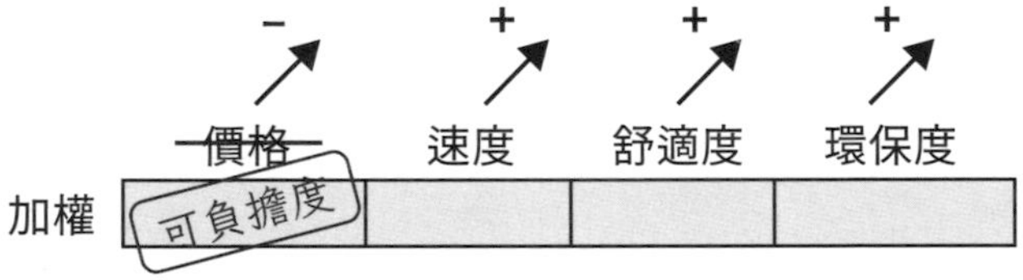

	可負擔度	速度	舒適度	環保度
0	>$20k	>7天	可能死亡	>3噸二氧化碳排放量
25	<$10k	<7天	明顯疼痛	<3噸二氧化碳排放量
50	<$7k	<1天	可能疼痛	<1噸二氧化碳排放量
75	<$1k	<8小時	些許不適	<0.5噸二氧化碳排放量
100	<$.5k	<3小時	無不適	≤0噸二氧化碳排放量

的任務為範例，可負擔度得到零分的方案就會是最昂貴的選項，但是不要讓它變成質化的敘述，反之，定義出它對你而言的意義——也許是一千美元，也許是十萬美元，都取決於你的觀點，重要的是要盡可能不含糊，盡可能用量化方法取代質化準則。

如何找出好的準則？

如果你還在取笑阿爾布雷特買房子時沒想到噪音問題，認為建立一份好的準則清單也沒那麼困難，得當心了。

在實證研究中，美國杜克大學（Duke University）和喬治亞理工學院（Georgia Institute of Technology）的研究人員已證實，決策者可能會忽略近一半的準則，而這些都是他們之後認為相關的準則。不僅如此，參與的決策者所察覺到的以及被忽略的準則之間，不只彼此相關，甚至和他們一開始考量的準則一樣重要[8]！由此可見，找出準則或許不是一件那麼容易的事，而以下五點可以幫得上忙[9]。

從自身開始，多嘗試幾次

有學者建議先從自己開始，具體作法就是在沒有外界的幫助、在還沒受別人意見干擾前，先把自己的想法寫在紙上。此外在一系列的相關實驗中，他們總結出改善準則清單的最好方法，就是多練習幾次（通常決策者第一次只能找出三十％至五十％的準則）[10]。

運用情境

你可以先列出所有想到的、相關和不那麼相關的準則（可稍後再做刪減）。想讓這份準則清單更豐富，你可以把它變成願望清單——如果解決問題的過程中每件事都順利進行，就是未來的完美願景。

為什麼你會對未來感到滿意？把你滿意的理由轉為具體的準則。為了對比這個美好願景，也要做事前分析：假設你的計畫失敗了，問問自己為什麼[11]；也許是因為計畫過於昂貴而失敗、成果品質不佳，或落實速度太慢。把自己投射到未來的技巧，其目標是在做出決策之前生動地想像成果，以藉此獲得更進一步的觀點。

洛桑管理學院探尋新市場

現在來看一下我們曾在洛桑管理學院討論過的，我們想提升學院在北非市場的活躍度，特別是突尼西亞。我們不是先抽象地討論這個想法，也不是制訂準則評估不同的市場進入方式，而是直接提出兩種截然不同的解決方案：透過我們自己的業務，以洛桑管理學院的項目打進突尼西亞市場中心，或是，與突尼西亞當地夥伴合作，由他們負責執行計畫。

接著，思考我們喜歡和不喜歡這兩個方案的原因，就能快速揭示出各種潛在問題：由我們自己執行的好處是可掌控及提升組織學習，但同時有投資成本高及相關風險、起步階段慢、缺乏市場了解等其他缺點。

與在地人合作可以讓我們更快進入狀況、投資成本較低、可充分運用合作夥伴的專業知識，但我們對整體主動性掌握程度較低，可能會危及自家品牌——你懂的。

直接思考具體方案可以幫我們預想喜歡、不喜歡的方案。還有，端詳著具體方案也能幫助你提出疑問：「這個解決方案要成為最佳方案，必須要有什麼條件？」藉由比較兩個方案，可以幫你提出疑問，進而減少只參考一個方案時可能出現的盲點。

運用已有的架構

另一種方式是尋找已預先填好的準則清單架構。例如，一個業務單位經理正在思考該在哪裡設置新產線以進行國際業務的拓展。他已經想了幾個方案：歐洲、拉丁美洲、東南亞。他比較了三個市場，思考著它們的同異之處；他考量了競爭程度，以及打進市場的難易度。繼續分析下去，他想起在商學院時，曾學過美國管理學家麥可・波特（Michael Porter）的一套架構，稱為「五力分析」（five forces framework），也許其中就有他可以利用的預配準則清單[12]。

他看著這份清單，發現：（一）競爭程度；（二）買方的議價能力；（三）供應商的議價能力；（四）進入障礙；（五）替代品的威脅，都是他在市場比較中需要考量的相關準則。更深入挖掘之後，他發現這五個準則涵蓋了所有關注點，也就是，這套架構涵蓋了所有他試圖達成的目標。現在，他還需要自己開發出一套相似的清單嗎？也許吧！但單靠自己的思路與架構就想涵蓋這道難題的所有觀點，可能比想像中的更困難。因此，同時並用其他架構（例如這套「五力分析」中已有的項目），對你來說可能就會很有幫助。

提升積極參與的程度

儘管你已盡最大努力讓關係人參與這個過程，但很有可能他們並沒有充分發揮自身的潛力，而其中一個關鍵障礙就是「權力距離」（Power Distance）。權力距離的概念展現出「在一個國家的機構和組織內，權力較低的成員所預期與接受權力分配不均的程度」[13]。各種文化面向都會影響權力距離，包括民族文化。權力距離得分高的國家其階級較明顯，如：巴西、法國、泰國，這樣的階級，不論在經濟、社會、政治層面皆然。反過來說，這意味著人們更容易接受專制的領導風格[14]。同樣地，這些國家中的組織也往往有更多層級的決策過程，單向的參與和溝通皆有限[15]。

在一項大規模的研究中，以一間跨國企業在二十四個國家、共四百二十一個單位的數據，中國組織科學研究學者黃旭及其同事發現，隨著權力距離增長，員工較不願說出自己的想法，而這種現象稱之為「組織沉默」（organisational silence）。之後，研究者發現兩種機制可以鼓勵員工發聲：首先，讓員工參與決策過程，並在團隊中建立或管理變革計畫。其次建立開放和參與的氛圍，讓員工感覺到管理階層會支持新想法、建議，甚至是反對意見[16]——這一點，在權力距離高的文化中尤為重要。

比對各方準則

憑空開發準則可能會產出一套缺少重要取捨的準則。其實，資深管理人都承認，即使他們努力建立一套規則，依舊可能抓不到眼前難題的重點。其中一個主要原因，似乎是他們經常在沒有考量具體方案的情況下開發準則。

因此，雖然這套準則在「紙上」看來很完美，但仍然沒有考量到管理者的喜好。為了避免這個陷阱，拿出兩個明顯不同的方案來思考，再著手開發你的準則，可以幫助你找到你看重的東西。首先，可以先寫下這兩個方案你喜歡、不喜歡的地方，如此一來，就能更精準地表達出你的基本準則有哪些。

	你偏好的方案	同事偏好的方案
優點	・比較便宜 ・風險較低 ・更容易取得組織認可	・龐大的潛在優勢；若可行能夠改變整個組織 ・龐大的收入潛力
缺點	・潛在優勢比較有限 ・就是我們正在做的事，行不通 ・董事會可能不喜歡	・如果行不通，整個組織就毀了 ・非常昂貴 ・要花很多時間實踐

準則

・收入潛力
・可負擔度
・風險程度
・實踐速度
・與關係人利益一致

尋求他人意見

最後，如同產出各種備選的解決方案一樣，你可能會想尋求別人的幫助。因此，你可以向與決策相關的關係人詢問他們看重什麼、對什麼感興趣、關心什麼[17]，也可以問問在其他單位和你擔任相同職位的人。

目前，我們正在和一個組織合作，他們在尋找IT服務供應商，以協助他們公司數位化。在五個候選的IT供應商中，該組織必須選出一個。然而，他們不僅在高層團隊中設立準則，也和瑞士其他已在數位化階段取得領先的組織聯繫，但不是為了找出要選擇哪間IT供應商，更重要的是了解其他人如何做出決策。

依優先順序排序準則

最後，並不是所有準則都一樣重要，因此要先釐清準則之間彼此的優先順序。好比，在「顧客滿意度」與「成本」之間須取得平衡，而你比較看重其中哪一個嗎？這是非常複雜的任務，特別是在團隊決策中更是困難，因為每個關係人都有自己的意見。

經過數十年，決策分析已經發展出很多方式來為準則指派權重，以符合決策者的喜好，然而在這些爭論中並沒有匯集出單一、普遍能接受的方式[18]。為了讓事情簡單點，我們建議遵循一種簡單的直接評分法：你可以為每個準則指派權重，由一（最弱）至五（最強）。

隨著你對問題的理解會在過程中不斷進步，因此指派權重通常也是不斷更迭的過程。特別是你可能會受到均衡偏誤的影響，傾向指派相似的權重給所有準則。為了制約這種偏誤，一種消除偏誤的技巧就是先以字母排序準則，再指派權重[19]。

驗證準則是否涵蓋了所有重點

走到這個階段，請用你的準則清單來評估方案，問問自己是否滿意和接受所產出的結果。如果不滿意，你可能漏看或誤設了某些準則，如果是這樣，不妨測試一下你的準則，是否可以幫助你向他人解釋預期的結果？如果不能，就再花時間改善準則：還有什麼不夠清楚的地方？或是漏掉了什麼？

本章重點

請以一套符合 MECE 特性且富洞察力的準則，總結出對你來說什麼是最重要的事情。對準則來說，「富洞察力」意味著你在窮盡與精簡之間取得平衡：重要的準則給出較高權重；讓所有準則朝同一方向變化；為每個準則選擇適當範圍。

找出一套好的準則清單出乎意料地難。為了更順利地完成它，請多多練習，你可以利用情境、運用框架、比照方案、邀請別人共同參與。

第三篇

決策——選擇最平衡的解決方案

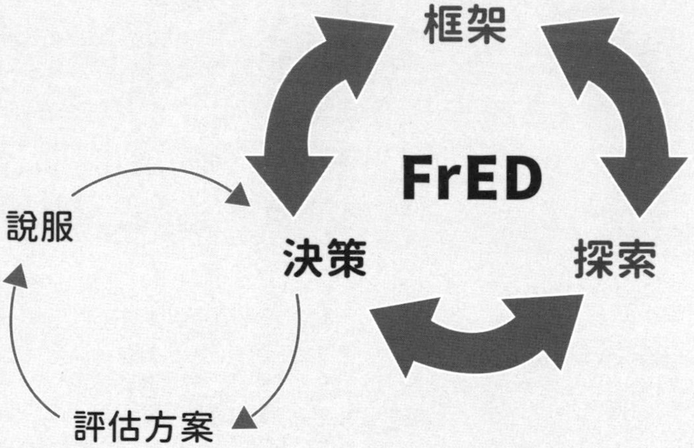

在第一篇，我們已經理解「我的問題是什麼？」，也在第二篇回答了「我可以如何解決我的問題？」，現在我們已經準備好回答──「我應該怎麼解決我的問題？」

首先在第六章會告訴你如何評估方案，權衡利弊以找出最適合的解決方案；第七章則會帶你退後一步，需要的話可以配合額外的決策；第八章告訴你如何以有說服力的話語總結你的分析。最後，第九章會告訴你如何縮小「從決策到實踐」的差距，而這也是本書的關鍵重點。

第六章

定義你的路徑——評估方案

一般來說，不可能執行所有方案——至少不會同時。我們站在三岔路口面對的許多重要決策，只要選擇其中一條路，就會阻止我們去走其他也相當吸引人的路。因此，在擴散性思考創造出多個具有潛力的備選解決方案之後，現在，我們要一起集中思緒，在有限資源下找出最有辦法幫我們達成目標的解決方案。

在第五章，我們藉由準則來釐清對我們來說重要的東西以幫助我們準備制定決策。由於往往都有一個以上的準則，例如：一個「快速」、「便宜」、「品質好」的解決方案，不過一般來說，沒有任何解決方

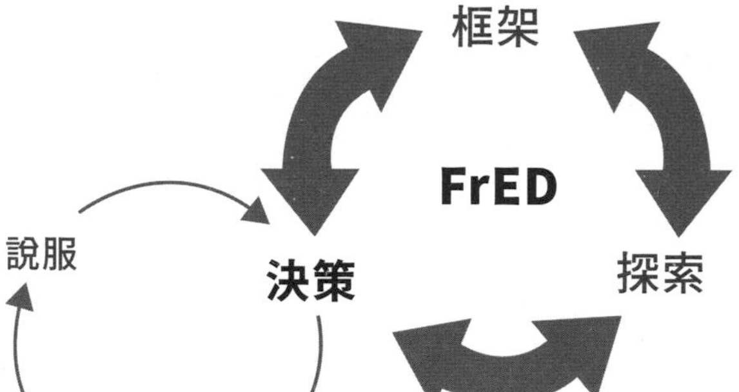

案能同時滿足所有準則，所以必須捨棄某些看重的東西，以便得到另一些我們同樣珍視的東西。當然，如果你找到每一項準則都獲得高分的解決方案，那麼你就可以跳過本章了！

為了選出最好的解決方案，我們要將方案與準則結合起來綜合評估。這是很重要的步驟，有點像汽車工廠把底盤、變速箱、引擎在產線組裝起來的時候——在汽車產業將這個過程稱為「組裝」（marriage）。那麼，我們如何在決策階段完成組裝？事實上，一個簡單的「決策矩陣」（decision matrix）就出奇地好用，因為它涵蓋了決策中的四大要素：我們在第一章到第三章找出的「任務」、在第四章得出的各種「方案」，以及在第五章找出的「準則」。

這種矩陣可以讓我們有系統地用各項準則評估每一個方案（這些評估就是第四個要素），進而權衡各

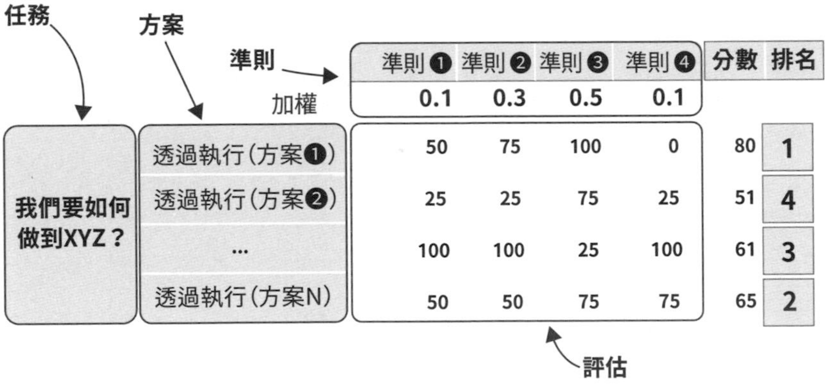

個備選方案的利與弊，幫助我們找到對整體來說最合適的解決方案。

組合矩陣架構

決策矩陣由兩個部分組成，分別是：架構，包括任務、方案與準則，以及內容，也就是依據各項準則來評估方案。

將架構從評估中分離出來，就能推遲討論偏好的方案是哪一個。這麼做非常有價值，因為當人們推遲整體評估、推遲到結構化流程的最後，就能提升直覺判斷的精準度[1]。先前的章節幫我們組合起架構，有了這個架構就能把內容填進去。

架構是任務、方案、準則

		準則❶	準則❷	準則❸	準則❹	分數	排名
	加權	0.1	0.3	0.5	0.1		
我們要如何做到XYZ？	透過執行（方案❶）	50	75	100	0	80	1
	透過執行（方案❷）	25	25	75	25	51	4
	...	100	100	25	100	61	3
	透過執行（方案N）	50	50	75	75	65	2

內容是依據各種準則，
來評估每個方案

評估方案

以系統化的方式評估每個方案，有兩個優點：第一，用同一把尺衡量所有方案，可以讓你更公正。第二，可以在你的思考模式中建立自己與他人的責任感。

有鑒於「決策矩陣」的高回報和易上手，實在是應該好好推廣它，但我們非常驚訝，鮮少看到經驗豐富的高階管理人在面對困難決策時運用決策矩陣。有些人說這太花時間了，有些人覺得矩陣無用，因為他們會想辦法讓任何矩陣變成他們想要的樣子。我們下一步再處理這些批評，先來看看你可以用矩陣做出什麼樣的評估。

根據問題的複雜程度以及可以投入多少心力來解決問題，你必須視情況所需選擇使用「質化評估」（Qualitative evaluation）或「量化評估」（Quantitative evaluation）。

質化評估

在這個簡單的方法中，你會用最基本的評分系統來評定方案，也就是零至五顆星。這個方法非常簡單好用，你可以在你最喜歡的餐廳裡用一張紙巾的背面就開始了。這個質化評估矩陣能幫助你和你的團隊快速感受到方案的優點與缺點，找出最主要的利與弊。

雖然質化矩陣很好上手，但效用有限，主要是因為它不能納入你對每個準則看重的差異。如果在一般情況下，你對每個準則的重視程度不同，好比「品質」對你來說遠比「可負擔度」重要許多，那麼僅僅標註每個方案有幾顆星，無法告訴你哪一個是最佳方案。事實上，當該方案在比較不重要的準則上獲得很多顆星星時，這樣的品質評估反而會誤導了你。儘管質化評估有其局限性，但品質矩陣對於獲得整體利弊的初步感受還是相當管用，不過它並不適用於以實證為基礎來進行決策的複雜問題。

量化評估

誠如在前一章提到的，欲更深入了解方案的利弊，通常

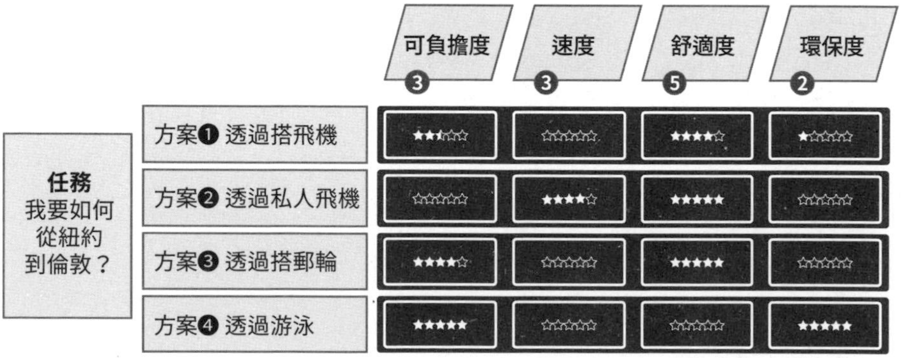
可負擔度
3
速度
3
舒適度
5
環保度
2
任務
我要如何
從紐約
到倫敦？
方案❶ 透過搭飛機
方案❷ 透過私人飛機
方案❸ 透過搭郵輪
方案❹ 透過游泳

比較合理的方法是依據每個準則進行數字化分析，指派權重給每項準則，如此一來，可以幫助你為每個方案算出「加權和」[2]。你可以自己進行評估，也可以運用 Dragon Master™ 應用程式，該程式會用顏色區分出不同的加權結果，更容易比較出較有優勢的方案是哪一個。

不過需要特別注意的是，有些管理者會掉進陷阱，只注意整體分數而忽略了每項準則的分項分數。如何依據準則評估方案，不僅是一門科學也是一門藝術。之所以科學是因為你用了結構化透明且可驗證的過程，將解決問題的方法分解成數個步驟，並在每個階段都以有系統的方式質疑自己的思考策略。但是設置一個矩陣也是一門藝術，因為如何搜集和評估證據都必須做出很多選擇（且很多都是隱性的）。為此，最後你的目標不是找出客觀正確的答案（這樣的答案通常不存在），而是為了改善你在尋找最佳結果時，你與自己和其他人的對話品質。

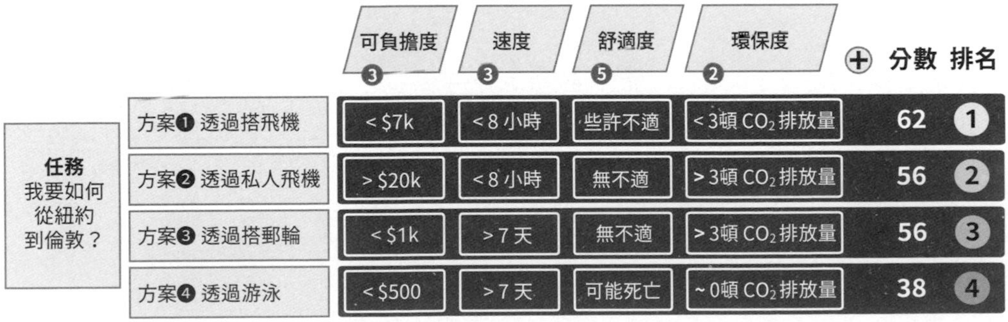

可負擔度 3
速度 3
舒適度 5
環保度 2
分數 排名
任務 我要如何從紐約到倫敦？
方案1 透過搭飛機
< $7k
< 8 小時
些許不適
< 3噸 CO2 排放量
62 1
方案2 透過私人飛機
> $20k
< 8 小時
無不適
> 3噸 CO2 排放量
56 2
方案3 透過搭郵輪
< $1k
> 7 天
無不適
> 3噸 CO2 排放量
56 3
方案4 透過游泳
< $500
> 7 天
可能死亡
~ 0噸 CO2 排放量
38 4

然而就我們的經驗，高階主管們往往搞得太藝術，而不是採取實證基礎的方式來分析評分，因此無法發現自己的偏誤。此外，這種不夠正式的評估方法，意味著支持他們意見的力道也比較弱，是否要相信他們就見仁見智了。切記，沒有證據的斷言可以在沒有證據的狀況下被駁回，如果你憑空放進數字填滿矩陣，彷彿你用的是可驗證的分析，就不要期望這是有說服力的矩陣。

因此，你的挑戰是在可用的有限資源裡做出嚴謹的分析。問問自己需要什麼樣的證據，才能依據各項準則評估方案；對自己的假設瞭若指掌，向持反對意見者測試你的方法，總之，就是要質疑自己的所有假設。

一般來說，要盡可能堅定支持和反對每一個方案，而不是只用一個角度看待事情[3]。把自己想像成一名正準備向法官辯護的律師，並試圖盡可能讓抗辯令人信服，直到最後一刻才知道自己會贊成還是反對這個案子。另外，也請從不同的視角來評估方案，例如：組織面、技術面或個人觀點，對於整體評估來說，也相當有用[4]。

做出平衡的整體決策

依據各項準則評估每個方案，可以幫助你消除目前檯面上相對比較弱的方案。用量化矩陣就可以做到這一點：如果方案A其所有的準則得分都低於方案B，那麼方案A顯然劣於方案B，就可以放心地不予考慮方案A[5]。

但是多數情況下，還是會面臨處理兩難局面時所需的權衡利弊。舉個近期的事例，想一想政治人物面對新冠肺炎（Covid-19）時所做的回應，既要限制病毒傳播也要降低經濟損失，以及限制人們移動時產生的心理壓力——必須盡可能在此之間需取得平衡。

在互相競爭的目標之間取得平衡十分困難，但不試圖取得平衡就無法掌握要領。然而，總是有可能在某項準則上能最大化其執行的成果，但在某個時刻須付出的代價也會極高，所以決策者必須找出最合理的答案。

關鍵是，即是你很勤勉地依循 FrED 流程，還是很可能在決策時刻面臨兩難局面。FrED 無法除去兩難，反而會暴露兩難的存在。這似乎不是最理想的，但僅是暴露兩難局面就是很重要的貢獻，因為如此一來就很容易從主要關係人那裡尋求意見，幫助你重新定義你的問題、方案、準則、評估。同時，暴露兩難也為開創新方案奠定了基礎，幫助你避開取捨（請

透過「傳遞程序公平性」取得支持

不是所有人都會支持你的決策，你的挑戰是要知道某人支持某個方案，意味著其反對其他更多的方案。誠如美國管理學者理查・魯梅特所指出的：「無論就心理層面或政治及組織來說，要對充滿希望、夢想和抱負的整個世界說『不』是很困難的。[6]」

此外，考量到我們不會對同件事有一致看法，無可避免地會有重要關係人不同意你的結論。在努力達到我們為組織設立的目標時，我們都曾讓某些人感到失望，所以我們都知道僅僅告訴別人你決定了什麼，是不夠的。

但是，如果不這麼做，該如何解釋你的決定呢？嗯，或許可以強調你是如何在決策中融合他們的觀點。根據對法庭公平程序的研究顯示，即使是相對嚴厲的懲罰，但當被告覺得他們的觀點在整個審判中有被認真考量過，他們也會覺得比較「滿意」。換言之，人們想知道他們的說法有被聽進去[7]。

運用在法庭上的程序公平性，同樣適用於為複雜問題做出決策的時刻。想創造程序公平性，在解決問題過程的初期就要融合其他人的偏好方案和主要顧慮，點出那些沒有被選擇的備選方案所具備的優點，如此能讓你在做出最終決定時，有更全面且平衡的說明。

除了表現出你考量過關係人的顧慮外，也要注意你表達自身偏好方案的方式。研究顯示，描繪過度正向的願景，也會引發危險訊號[8]。

我們一致同意：我們發現當資淺團隊成員對資深主管進行報告時，描繪出有好有壞的整體平衡格局非常重要，如此，表示他們掌握了問題的複雜性、了解潛在的利弊得失。同樣地，如果有人向你推薦方案，聽到各項準則都得到最高分的方案，也許就是有問題的訊號。天下可沒有白吃的午餐，如果有件事好得令人難以置信，可能就有問題，所以更深入挖掘看看，找出還沒被發掘出來的利與弊。

然而，展現出你的嚴謹與周到，也無法保證每個人都會支持你的方案，不過當然，也可能會讓最初反對你方案的人轉而支持你。這就是前期值得投入時間的其中一個原因，因為它可以讓你在未來的某個時間點節省時間和力氣來說服別人。

總而言之，領導解決問題的挑戰是透過「決定要做什麼」來選擇方向，同時具有「同理心」，而後者可以透過傳遞程序公平性來做到這一點。找到平衡點是很微妙的，儘管你顯然需要投入心力讓關係人參與進來，但也不該過度投入。解決複雜問題時你會面對許多限制——不僅是你可以投入的時間有限，還要明智地決定該投入多少對自己最有利。

見下一節）。

注意我們在本節一開始提出的警告：有無數高階主管提到，他們可以讓矩陣產出他們想要的結果，只要調整準則及評估的權重即可。

「當然，你當然可以這麼做。」我們回應：「但如果把自己的想法帶入矩陣這個短暫的討論過程中，會讓別人更容易看出你（有意或無意）的偏誤。」簡而言之，運用矩陣會讓你對自己的想法負起更多的責任。

根據我們的經驗，經常會發現憑直覺選擇的方案，與矩陣中得分最高的方案之間有所落差。如果是這樣請再詳查這些差異，也許有些準則不夠互斥？或者也許漏掉重要的準則？舉個例子，回到上一章，有個團隊認為他們已經找到絕佳方案，但只是因為他們漏掉了某些關鍵準則，而他們在矩陣結果中發現了這些準則。

當他們修改分析以說明遺漏的原因之後，就得出了不同的結論。當然，再多的分析也無法保證你選擇的方案是最好的，但是根據一般規則，只要有任何從直覺而來的偏誤，做再多的分析都是值得的（第九章有更多關於如何掌控不確定性資訊的介紹）。

把困難的取捨當成機會——整合思維

美國管理學者羅傑．馬丁（Roger Martin）描述「整合思維」（Integrative Thinking）是：「有建設性地面對反對意見壓力的能力，以及『不是選擇一個、犧牲另一個』，而是用有創意的方式來解決緊張局勢的全新想法，這個想法會包含所有反對意見，但優於任何一個現有的。[9]」FrED 的每個步驟都能促進整合思維：思考任務、探索方案範圍、系統化定義準則、系統化評估方案建立基礎，找出需要取捨的部分。

換句話說，當你仔細思考要在兩個不完美的方案之間做出選擇，過程中感受到的痛苦就會成為開發出第三種方式的跳板。運用這種壓力，問問自己：「我們應該如何運用現有的材料創造新方案，幫助我們減少取捨的兩難？」

樂高前任執行長尤根．納斯托普（Jørgen Vig Knudstorp）曾說：「擔任執行長時，總是被迫先有簡單的假設，而你知道有某個答案在那。但是與其把所有事縮減成一個假設，如果可以先容納多個假設，可能就會更有智慧。你會發現要取捨什麼，也會發現機會。[10]」透過同時考慮多個方案，納斯托普從不同的方案中找到很多機會。簡單來說，整合思維的目標是找到一個答案，而這個答案是充分利用各種備選方案，進而產出優於任何現有方案的結果。

馬克斯自己做了一臺車，以避開困難的取捨

馬克斯・賴斯伯克（Max Reisböck）是一九八〇年代德國巴伐利亞 BMW 的工程師[11]。馬克斯和妻子想帶著全家人出去玩，還有兩個小孩的玩具，包括腳踏車和三輪車。考慮各種方案時，他面臨困難的取捨：他們可以開家裡的三系列汽車，這是一臺很好開的高性能轎車，但後車廂太小放不下全家的東西。或者他們也可以開福斯的休旅車，後車廂很大，但開起來，嗯，就像一頭驢。簡而言之，他們就在站在岔路口，雖然不是生死情境，但對馬克斯來說也相當痛苦，讓他想找出是否有「繞開」這種取捨的方法。

所以，馬克斯開始展現他的創造力。他買了一臺三系列轎車，換上特製的後車廂，做出自己的休旅車——現在被稱為 BMW Touring 系列。馬克斯的車兩全其美：一臺裝得下家人和玩具的轎車。馬克斯不願意接受現存的兩難方案，選擇透過整合思維，為自己開創出第三條路。

有趣的是，BMW 管理階層原本正考慮生產這種類型的汽車，但又臨陣退縮，認為這不符合 BMW 的運動形象。不過，當高階管理階層看到馬克斯在家自製的模型，又引起他們的興趣了。事實上，他們把馬克斯的改裝車留在總部，馬克斯最終還是要開著福斯去度

假！但他們也推進了生產 Touring 的正式計畫，現在這是 BMW 中最受歡迎的車型。馬克斯堅持找出最好的方案，也就是說我們正在岔路，如果岔路揭露的緊張感可以成為開發其他方案的催化劑，也許就值得深入探索。當眼前方案的取捨太困難時，或許我們就該特別試試看整合思維。

解釋並質疑你的結論

隨著系統化地評估方案，你的矩陣也會顯示出最佳方案，太好了！但這可不是旅程的終點。其實，評估結果不該被視為原始難題的解方，而是提供清楚的輪廓讓你有辦法選擇某個方案或其他方案[12]。到目前為止過程都只是在幫助決策，而現在你需要評估這個幫助的好處。為了做到這點，需要根據推測和證據的品質來評估分析的品質。

你需要高品質的推測及高品質的證據，以法國數學家暨物理學家亨利・龐加萊（Henri

Poincaré）的話來說，就是：「科學建立在證據之上，如同房子由石頭建成。然而搜集的證據並非科學，如同一堆石頭也不是房子。[13]」

那麼要如何進行品質檢查？有以下這些方式：

- **進行敏銳度分析：**試試看修改了準則的權重或評估方式之後，方案排名會如何？如果某些細微變化會導致最佳方案排名劇烈變動，那麼就要假設這個結果不可靠，並降低對該結果的信賴度（第九章會有更詳盡的說明）。換言之，即使權重和評估都有重大變化但排名次序仍維持原狀，就能對結果更有信心[14]。無論哪種方式，都要對你的分析進行批判思考，經常問：「所以呢？」
- **採取外部視角：**向別人提供深思熟慮的建議，往往比對自己說容易。心理學的「解釋水平理論」（Construal Level Theory）的相關研究指出，距離有助於釐清[15]。我們提供建議時，思緒從許多變因中掠過，因此很容易注意到最重要的因素。換句話說，我們為別人著想時就像在森林裡穿梭，但想到自己時就會被困在樹林間。為了爭取更多距離，請多問問自己幾次「如果」的問題。英特爾前任執行長安迪・葛洛夫（Andy

分析的品質 = **推測**的品質 ⊗ **證據**的品質

Grove）就是一個例子，當他面臨關於終止某個重要計畫的困難決策時，曾問過他的頂尖團隊：「我們的繼任者會怎麼做？」這麼做有助於拉開「團隊」與「決策」之間的距離[16]。

- **找到刻意唱反調的人：**記得第四章我們強調「推動（有建設性的！）反對意見」的重要性嗎？現在就是另一個合適的時候，找出一、兩位刻意唱反調的人，戳穿你的推測。所以，創造出可以讓人說出反對意見的安全環境，非常重要。

打造安全的發言環境

心理上的安全感是一種界線，在此界線之內團隊成員會覺得自己可以坦承錯誤、說出反對意見、願意尋求反饋、貢獻真實反饋、冒險或在不被拒絕或處罰的前提下，承認處事混亂。經驗證據顯示，這是對團隊效率的有力預測，而這樣的預測跨越了各種組織背景與地理限制[17]。研究也顯示心理安全感與學習相關，尤其與複雜、快速變動的環境有關[18]。

那又怎樣？嗯，打造一個可包容反對意見的環境，其實就是鼓勵反對意見。在理想的情況下，團隊成員應該要先持反對意見，再支持決策。

・**可以的話執行多軌方案：**在我們教學與諮詢工作中，高階主管常常跟我們說他們寧願同時執行多個方案以「保有選擇開放性」，也不願只選擇單一方案。無庸置疑，如果環境許可，這是最有效益的做法。這樣不僅不用做出不必要的困難決策、放棄其他更誘人的機會，也無須面對所選方案失敗的風險。

簡而言之，你降低了投資的風險。當你在各個方案進行測試時，就可以搜集額外資訊，看看你的預測是否站得住腳。在日漸數位化的世界，快速測試A、B方案變得越來越可行，可以讓你快速了解方案在真實世界中運作的表現。由於可以用極低的成本完成測試，多軌方案也是推遲最終決策的工具。

但請注意，這麼做本身就已經是一個決策了，所以必須確保測試成本也在掌控之內。雖然不決定的好處是保留更長的開放性時間，但還是必須在各個方案間耗費有限資源，為此就會削弱有效性，因此需要判斷是否負擔得起這樣的消耗。

・**相信獨立觀點的總和平均優於個人預估：**想想最近有多少人已經訂了假期住宿？然而我們不是聽剛從好地方回來的朋友意見，而是參考旅遊指南、網站來搜集大家的意見。透過整合獨立的觀點們，這些資源為我們提供了更堅實的基礎，來預測這趟托斯卡尼（Tuscany）旅程是否會像我們想像中一樣美好。不過先說清楚，預估並非萬無一失，在我們之中就有人記得在羅馬旅程時造訪的餐廳，它在網站上佳評如潮卻不堪回首。但是整體來說，集合獨立數據[19]成為大規模研究，有助於我們做出更好的判斷[20]。

然而，重要難題的數據可能不會像旅館評論一樣容易取得，所以如果我們只有別人相傳的軼聞證據來判斷方案評估結果時，就應該持保留態度不能盡信。此外，請注意用各種角度進行多方考量的好處，主要是建立在觀點是否獨立[21]。最終，好的分析品質與好的證據品質密不可分，我們可以搜集起來以支援評估結果。

本章重點

使用相同的準則一致地評估每一個方案，並在可動用的有限資源內，盡量嚴謹地進行評估。

讓關係人覺得自己的意見有被聽進去，如此一來，即使最終你沒有選擇他們所偏好的方案，他們還是會覺得自己的意見有被整合進行。

運用你的決策矩陣來改善你的直覺：找出分析中的「所以呢？」

設法顯露出各種利弊得失。一個方案在各項準則都得最高分，這種情況相當罕見，所以如果遇到這種情形時就應該假設有所缺漏。同樣地，如果你被推薦了一個只有優點的方案，也要把它視為危險的訊號。

第七章

協調相互影響的決策

在 Boklok 協調決策[1]

瑞典預製組合屋造商 Boklok 是家具零售商 IKEA 與建商 Skanska 的合資企業。Boklok 開始營運時，其商業模式需要管理團隊做出各種整合決策，例如：決定要提供哪種類型的房屋、成本控制在多少、哪裡生產、如何打入市場等。儘管團隊非常努力，計畫還是沒有如預期推動。之所以會如此，是團隊無法在 IKEA 與 Skanska 之間制定出合適的組織架構，能確保房屋以預期的成本和交付時間生產、出貨，這些阻礙了這項商談多年的合資計畫。簡而言之，即使 Boklok 的管理團隊已經考量過需要做出決策的領域有哪些，卻錯漏了一個，最終造成所有努力付諸流水的慘烈後果。

IKEA與Skanska合作計畫Boklok的啟動，突顯出決策者在解決複雜問題時，經常必須在多個領域之間整合決策的難處。誠如美國管理學家麥可・波特所說：「公司的策略定義了其活動布局和活動彼此之間的相互關係[2]。」難題的一部分就在於預先定義出需要做出決策的領域。通常在制定策略時，最上層的決策者只會專注在一個或少數需決策的領域，也就是：找出目標市場及產品特性，剩下的決策就留給組織中負責執行的較低階管理人員。但如果這種做法遺漏了與其他決策緊密相關的關鍵領域，例如：設定實施時間、安排策略推出的順序、找出合作方法等，整體策略就會曝露於風險之中，因為最終這些決策是交由低階經理人進行，但他們卻沒有建立起聯合決策、綜觀整體藍圖的視野。

在本章會告訴你如何做出協調相互依存的決策，也會介紹依據難題的屬性，可能對你有所幫助的策略分析模型。

找出還需要哪些共同決策——安排好你的惡龍寶寶

FrED協助你處理惡龍，但是哪一種惡龍？回想一下第一章，惡龍有兩種：一隻巨大的惡龍和惡龍寶寶們。如果是一隻巨大的惡龍，透過找出處理牠的方式就能同時找到策略，但如果你所面對的，只是眾多需要處理的惡龍寶寶之一，就必須同時處理同家族的其他惡龍寶寶，也就是：需要同時對其他領域做出決策，而這些決策會被視為一個整體，相當於形成一個共同策略。

把問題視爲「一隻大惡龍」或「惡龍寶寶們」？

一般來說複雜問題，尤其是制定策略方向，往往都會分成很多變動部分。有效的策略可以協調各種不同的決策，將努力轉化為碩大成果、讓組織克服障礙，或者讓其他人難以複製它的成功。想想 IKEA 的案例：競爭對手或許可以複製企業價值的一部分，也就是自己動手組裝家具，但以 IKEA 整體為模型，好比：採用創新的店面陳設、提供托嬰和修繕服務、將店面開在最適合的位置、公司聘請專注於產品成本的專職設計師，提供產品型錄等，以上這些都更具挑戰性[3]。然而，一個無法提供統整策略的組織是否就等同缺乏競爭力，這一點還不清楚。總之，複雜的問題確實很複雜，有太多未知的複雜性，不過，無論它們多令人傷腦筋，我們都可以透過釐清路徑來抽絲剝繭，以利我們繼續處理剩下的複雜事物。

你可以從以下兩種路徑下手：其一，把問題描述為為一隻巨大的惡龍相當吸引人，因為透過一次FrED流程就可以建立策略，但是在某些環境下這個方法可能太費力。想像創造一個「如何地圖」，要整合多少策劃婚禮時必須做的決策：投入多少錢、在哪舉辦、要邀請誰、供應哪些餐點、是否要有現場樂隊、晚餐的座位如何安排等。

這樣的「如何地圖」規模太大了！費時又費力，你得要努力在眾多決策中比較各種方案。例如，你要如何比較（A）在偏遠

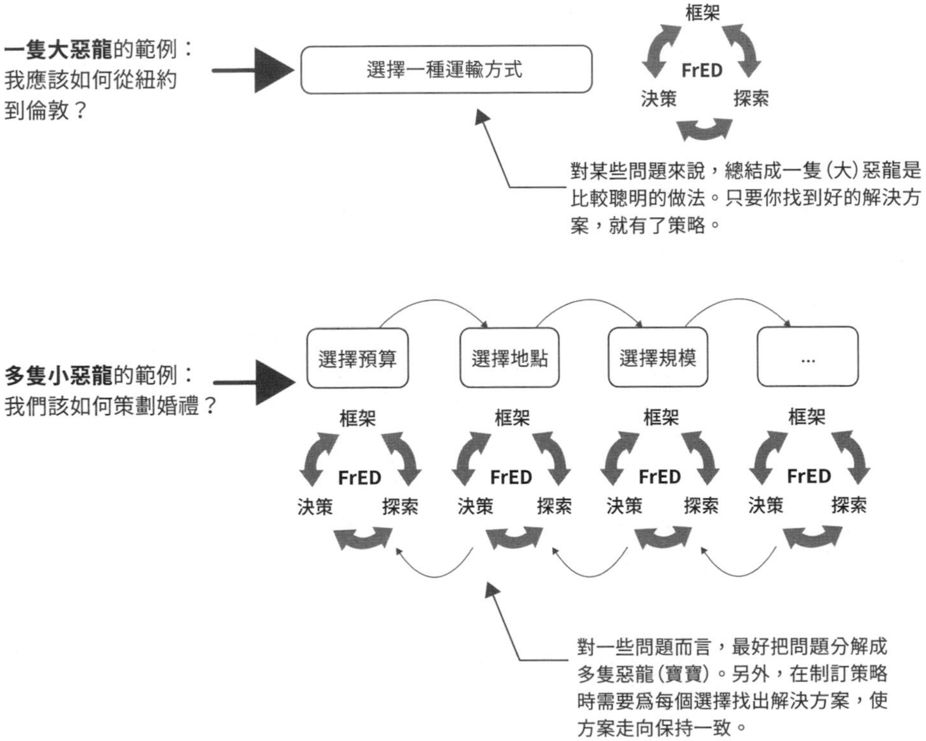

一隻大惡龍的範例：
我應該如何從紐約
到倫敦？
選擇一種運輸方式
框架
FrED
決策
探索
對某些問題來說，總結成一隻（大）惡龍是比較聰明的做法。只要你找到好的解決方案，就有了策略。
多隻小惡龍的範例：
我們該如何策劃婚禮？
選擇預算
選擇地點
選擇規模
…
框架
FrED
決策
探索
對一些問題而言，最好把問題分解成多隻惡龍（寶寶）。另外，在制訂策略時需要爲每個選擇找出解決方案，使方案走向保持一致。

鄉村舉辦婚禮，有現場演奏的鄉村音樂和燒烤，可以邀請所有朋友和全家族的人；（B）在城市私密奢華飯店舉辦婚禮，有五星級餐點，只邀請最親密的家人及朋友？以這個問題來說，把這些決策分成數隻惡龍寶寶們會更好處理。首先決定整體婚禮的規模（一隻惡龍寶寶），然後再進行其他決策，並定期檢查這些問題是否走向一致，或者至少可以共存。

事實上，如果是把問題視為處理一隻巨大的惡龍，從光譜的另一端來看，也可以視為在處理一個家族的惡龍寶寶們。每個惡龍寶寶都有各別的 FrED 流程，每個問題都有它專屬的任務、方案、標準、評估。無庸置疑地，這個方法可以減少每個問題 FrED 的複雜性，但沒有解決橫跨各領域整合選擇的需求。

所以，到底應該把問題視為一隻巨大的惡龍，還是一群惡龍寶寶呢？

捨去個人偏好，讓問題引導你選擇 FrED 的發展方式

根據我們的經驗，沒有一體適用的方法。針對到底應該以「一隻大惡龍」或「惡龍寶寶們」發展 FrED，我們兩人認真地思考了很久，也有過幾次激烈的爭辯（這是我們最引以為傲的異議與表態的實例之一！）但是，平衡複雜性與一致性的根本困境，依舊存在。

所以，我們的答案很簡單，那就是「不要讓個人偏好決定該使用哪一種方法」。好比頂尖的高爾夫選手不會只用他喜歡的球桿，而是會用每一隻適合他的球桿。同理，要用「一隻大惡龍」或「惡龍寶寶家族」的方法來處理問題，也不該只是你的個人偏好。

雖然沒有嚴格規範，不過回答一些問題或許有助於你做出選擇：

- **你面臨的決策是是否可各自獨立決定？**如果是，請把他們視為一系列惡龍寶寶。與此相對，若問題之間的相互影響程度密切，就請使用大惡龍方法，因為相互影響程度大就會造成不相容性，以致很難用各別流程處理，例如，產品和行銷的決策往往都緊密相關。
- **比起其他決策，某個決策特別具爭議性？**如果是，它可能就是你要優先處理的惡龍寶寶。舉例來說，我們才剛結束一個大型醫學科技公司的工作室，這家公司的高層希望為業務部門制定為期五年的發展計畫，其中包括：研發、生產、品質、行銷、銷售決策。團隊成員對研發決策持反對意見，並引發激烈爭辯，所以率先處理這個領域，並在討論其他決策之前花了很長時間詳細探討。
- **比起其他決策，某個決策顯然更為重要？**有時候需要做出很多決策，但也有可能處理好其中一個決策，就能釐清很多其他事情。為了說明這一點，美國管理學者理查・魯梅特提出一個例子：想像你在洛杉磯郊區經營一間小型雜貨店。面對日漸增加的競爭者，你必須找到更多客源，於是你列出幾項可能有用的辦法：拉長營業時間、針對目標客群增加特定食品、增加停車位或其他服務等。但同時也要考量這些選擇可能會讓人不知所措，因為排列數量很大。反之，先做出關鍵決策可能更為合理，因為它可以幫你決定剩下的事情。例如，可以先確立你想服務的主要市場，例如，在學生（價格敏銳度高）或專業人士（以方便為取向）之間選擇[4]。無論是哪一種都需要不同的取捨與不同的選擇，不過只要先做出層次較高的決策就能明顯降低其他決策的複雜性。好比，如果你的目標是專業人士，就很容易決定是否要在下午五點後開更多收銀臺、是否要增加停車位、是否要調整商品內容（例如，以高品質的食物取代小零食）或者是否要限制營業時間。

- **全部結合在一起討論，是否會產出一隻過於複雜的大惡龍？**完全整合會產出過於複雜的巨大惡龍嗎？如果把所有決策組合成一個誠如上述的婚禮案例，就會產出更棘手問題，所以最好把它拆解處理。
- **是否需要讓不同的人參與不同的眾多決策？**如果是，以惡龍寶寶的方式可能更為合適，如此可讓你掌握所有狀況，且在面對各別問題時只需與特定關係人討論即可。

考慮使用既有的策略分析模型

你所面臨的問題多半都非常具體明確，而針對這樣的問題，必須從頭開始發展一個為這個問題而生的客製化策略分析模型。不過，有時也會面對比較尋常的挑戰，在這種情況下直接利用與該問題高度相關，或者另一個完全不同領域但可類比的思考策略分析模型，或許更有幫助。

例如，想像你正在為某組織開發出一個策略，與其從頭開始找出所有惡龍寶寶，一一解決產出策略，不如運用美國管理學家漢布里克（D. C. Hambrick）和弗雷德里克森（J. W. Fredrickson）的「鑽石策略模型」（Strategy Diamond model）[5]。該模型指出，你需要在五個關鍵領域做出決策之後才能開發策略，這五個關鍵是：活動範疇、差異因子、手段、發展階段、經濟邏輯。

同樣地，想像一下你想要（重新）定義組織的商業模式。這方面，可以運用奧斯瓦爾德（Alex Osterwalder）與比紐赫（Yves Pigneur）的「商業模式圖」（Business Model Canvas，簡稱 BMC）[6]就相當管用。商業模式圖提供九個選擇領域：夥伴、活動、資源、成本結構、價值主張、客戶關係、銷售管道、客戶群體、收入來源，你可以把它當作需要處理的惡龍寶寶們。除此之外，還有許多架構可以運用，包括：加爾布雷斯（Galbraith）的STAR模型、波特的五力分析、安索夫（Ansoff）的安索夫矩陣（Ansoff Matrix）、SWOT分析、PESTLE分析等[7]。

直接運用既有的策略分析模型相當管用，它們能幫助你找出決策時應該考慮什麼，等同於把困難的思考工作外包給開發出這些策略分析模型的管理學者們。但是，運用這些模型也可能是危險的，因為既有模型的缺點就是缺乏針對你眼前具體難題的洞察力。因為這些模型並不是為了解決你的特定難題所設計的，其中可能有些特性和你並沒有特別相關，或者模型可能會分解問題但實際上卻沒有那麼必要，而一些被廣泛使用的策略分析模型，則是缺乏

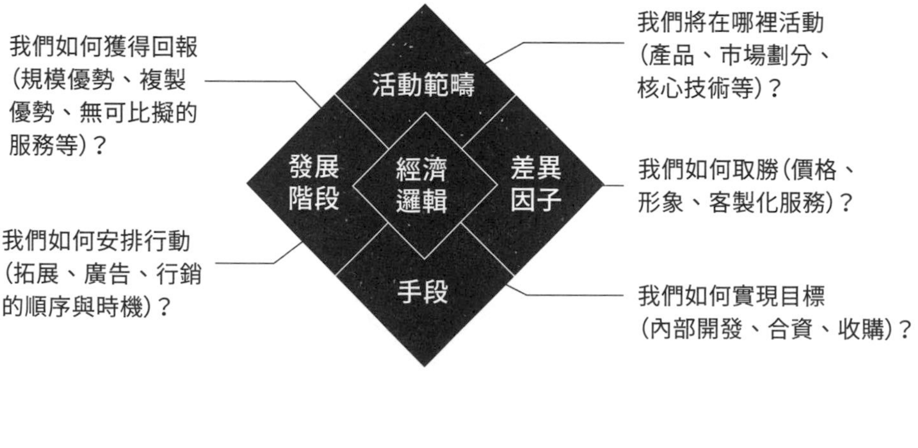

活動範疇
發展階段
經濟邏輯
差異因子
手段
我們將在哪裡活動(產品、市場劃分、核心技術等)？
我們如何獲得回報(規模優勢、複製優勢、無可比擬的服務等)？
我們如何取勝(價格、形象、客製化服務)？
我們如何安排行動(拓展、廣告、行銷的順序與時機)？
我們如何實現目標(內部開發、合資、收購)？

MECE的特性[8]。

其中，關於缺乏MECE特性這點，尤為顯著，因為商學院在教授策略方法時通常會運用預先制定的策略分析模型。工商管理碩士（MBA）課程期間，學生會看到二、三十種模型，前幾年他們可能還會記得一些，再過幾年他們只會記得兩、三種——不管他們面對怎樣的挑戰，都會被迫適應這些分析模型。

美國心理學家馬斯洛（Maslow）曾說：「如果你只有一把錘子，就很容易把所有事情當成釘子看待。」我們已經看到這些策略學者試圖拿著他們的，嗯，「PESTLE錘子」來分析所遇到的問題了。有時管用，但通常結果不會特別優秀。除此之外，由於運用「管理大師們」的策略分析模型進行分析，以致讓他們產生錯覺，以為自己已經做了一次品質良好的分析，但實際上並非如此——這是非常危險的盲點。

所以，針對你的問題，該使用既有的策略分析模型嗎？嗯，不妨用這個觀點看待：既有模型可能是優秀的僕人，也可能是糟糕的主人。如果你的問題與某個已開發完成的策略分析模型非常相近，那麼絕對要考慮使用它。如果不是也沒關係，現在你已經知道如何讓你的思考策略具備MECE特性及洞察力，所以你可以開發屬於自己的模型、為你所面對的問題量身訂做一款。親愛的讀者，若真能這麼做的話，你就已經遙遙領先許多策略管理學者了！

本章重點

找出其他也必須做出決策的事項有哪些，好讓你的整體策略保持一致。

現有的策略分析模型通常無法完全涵蓋你的個人任務，所以針對你的具體需求，不要太執著採用既有的策略分析模型；如果沒辦法運用既有的模型也沒關係，就自己開發！

「只」需要運用 MECE 特性及有洞察力的思考模式即可！

如果你面對的不只一條惡龍，就將各別分析的決策結合起來，就能自我強化。

既有模型可能是優秀的僕人，也可能是糟糕的主人。你可以好好利用它來尋求協助，但是把思考策略的工作外包給設計出這些模型卻對你的問題複雜度一無所知的人，顯然不是明智之舉。

第八章

爭取認同——如何做出有效的說服？

為了有效解決複雜問題，即使是最好的策略分析也不能單靠描繪自身優點，而是必須以「能夠說服主要關係人」的方式表達。在本章我們將討論重點從達成可靠結論，轉為探索如何綜合這些結論，使其成為有說服力的訊息。

打造有說服力的訊息

在理想世界中我們都極度理智，為此，你要做的

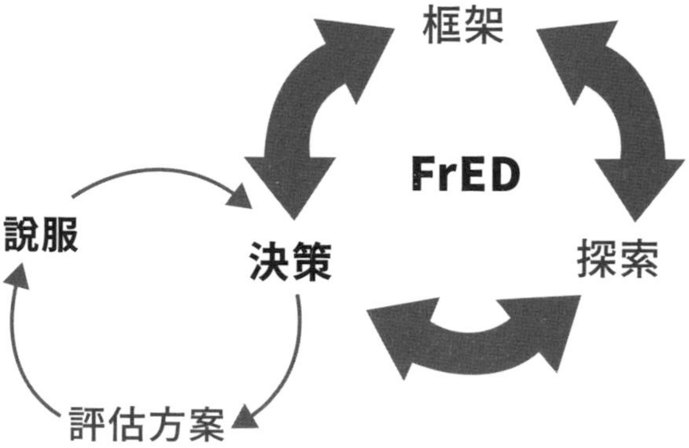

就是表達你所建議的方案、解釋你如何獲得這個結論，並證明策略分析的可靠度——你的受眾會被你的專業水準所震懾，他們會支持你所推薦的解決方案。

但現實是，每個人看重的東西不一樣，所以他們不會通通喜歡同一個方案。此外，計畫之後還有隱藏流程、地盤競爭、正在運作的錯誤邏輯。同時，作為人類，我們不會只靠前額葉皮質驅動的理性思考，還會深受情緒反應的強烈影響（還記得在序章提到的「系統一」和「系統二」思考嗎？）

綜上所述，不論一份分析得多麼精彩的策略，若只著力於內在有效性，可能難以說服人。事實上，「正確」和「有效」之間往往存有差異，而欲達到後者你還需要有說服的能力。然而，說服力不是什麼新玩意兒，在經典名著中就不乏有許多參考資源，例如，古希臘哲學家亞里斯多德（Aristotle）曾說過「說服」這件事，特別仰賴以下三根支柱：邏輯（logos）、人格（ethos）、情感（pathos）[1]。

訴諸於邏輯

顧名思義，就是使用有效推理、高品質證據和邏輯，旨在達成合理結論。本書前幾章已告訴你如何運用 FrED 提升你的邏輯能力，但我們還沒介紹另外兩根支柱：人格與情感。

訴諸於人格特質

所謂訴諸於人格特質，是指利用說服者的個人特質，藉此與受眾之間創造「信任感」和「認同感」，增加他們接受論點的可能性[2]。

- **創造信任感**：除了運用有效推理和高品質證據之外，也可以巧妙地培養你的專業度來證實你值得信賴。不要假設你所建議的方案不證自明，反之你更應該解釋為什麼你「有資格」提出這個方案。相信各位都聽過類似以個人特質為呼籲的句子，例如「相信我，我是醫生」或者「我們就讀哈佛大學……」。你可能也曾會聽過被這

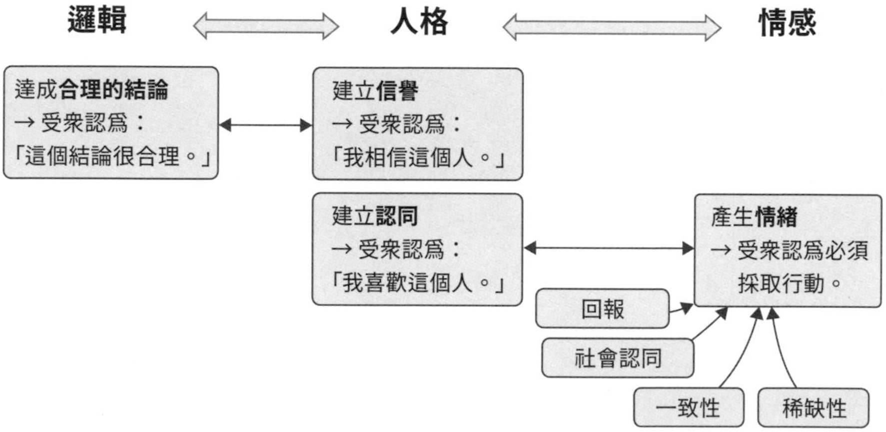
邏輯
人格
情感
達成合理的結論
→受衆認為：
「這個結論很合理。」
建立信譽
→受衆認為：
「我相信這個人。」
建立認同
→受衆認為：
「我喜歡這個人。」
產生情緒
→受衆認為必須
採取行動。
回報
社會認同
一致性
稀缺性

樣介紹出場的講師：「她是名牌大學教授」、「他曾在 Amazing Consultancy 擔任資深合夥人二十五年」，或是以極為偷懶的方式表現出個人特質的終極渲染：「不需要多介紹的人」（但這只能用在「確實」不需任何介紹的人身上）。然而請注意，信任感需要花時間建立和培養，就像你不可能一夜之間就建立起專業度。所以，在你提出論點之前，盡可能也要有值得信賴的紀錄，例如：「我在相似情況下證明過許多次，你可以相信我。」

- **建立認同感**：發現相似之處並給予真誠讚美，因為人們傾向認同自己喜歡的人。所以，要當個討喜的人！噢，抱歉，我們的意思是要比現在就很討喜的你「更」討喜一點。那麼，要從哪裡下手呢？嗯，舉例來說，隨時保持在你的最佳狀態，穿著得宜。誠如我們的同事菲爾・羅森維格（Phil Rosenzweig）所說「月暈效應」（halo effect）是一種傾向，我們必須讓整體印象影響我們的思考[3]。至於其他建立認同感的方法，還包括：讓受眾覺得你關心他們、你了解他們、你把他們的利益放在心上。

訴諸於情感

想運用情感，你可以訴諸於「情緒」[4]。美國社會心理學家強納森・海特（Jonathan

Haidt）以「大象」與「騎象人」的隱喻強調情緒的重要性。大象代表我們的情緒面，而騎象人則是理性、分析的一面[5]。

雖然騎象人可以指引大象方向，但最終仍是由大象本身移動和保持動力。同樣地，我們的決策共同仰賴理性分析，以及古老、根深柢固的情緒來驅動思考和感受機制[6]。這樣的事實不一定不好，根據研究顯示進行決策時，感覺和情緒會對整體決策產生正面的影響[7]。社會科學家已經找出許多方法，可以幫助你打動受眾的情緒，例如：

▼挖掘出適當的感受

二〇〇〇年代後期，蘋果公司把諾基亞（Nokia）擠下智慧型手機市場領先地位後，前諾基亞執行長史蒂芬．埃洛普（Stephen Elop）不得不向組織內部傳達嚴厲的措施。他不僅展示分析圖表，還用隱喻強調諾基亞岌岌可危的現況：「我們都一樣，站在『失火的平臺』上，必須決定如何改變我們的行動。過去幾個月裡，我已經和各位分享我從投資者、經營者、開發人員、供應商和各位口中得知的資訊，現在，我將要分享我從中了解與開始相信的事。我了解到我們站在失火的平臺上，而且我們不只經歷了一次爆炸——我們有多處灼熱的著火點，助長了猛烈燃燒的大火……」[8]

以現在來看，埃洛普當時選擇這個隱喻是否足以創造改變、幫助諾基亞建立更成功的未來，還有待商榷。重點是，無論你是否積極處理這個問題，即使只是傳達理性的訊息，也會影響受眾的感受進而影響他們如何反應。為此，與其讓受眾自己決定他們要如何反應，不如想想你想創造的情緒反應是什麼，並根據這個目的精心設計你要傳遞的訊息——說個故事、用個比喻或在表達過程中努力激起受眾的情緒反應。

▼製造回報需求，給予才能得到

作為個體，我們遵守一種不成文的社會準則，亦即：我們收到什麼就要回報什麼，這一點解釋了為什麼行銷人員會提供免費樣品、為什麼談判時人們會送上禮物或提供幫助。回報的需求也讓我們有所讓步，所以如果我們拒絕了一個重大的要求，可能就會接受做出一個相對較小的努力[9]。

▼運用社會認同（或同儕力量）

儘管我們喜歡因獨立而自豪，但現實是同伴總是強烈地影響著我們。我們已經在序章中談過這樣的行為，稱之為「錨定效應」，並將其標註為一項缺失（或偏誤）。話雖如此，這項缺失也可以轉為特點：如果你可以讓多數人依照你的意願行事，他們的行為就會影響別人。為此，當你準備好要發表你的推薦方案時，請確認你何時需要與誰接觸以創造支持聲量。美國作家彼得・布洛克（Peter Block）的「信任—同意矩陣」（trust-agreement matrix）可以幫助你為關係人分類，決定如何接近他們[10]。在矩陣中，「信任」是指你與每個關係人之間的關係品質，而這個品質取決於先前雙方交流的結果；「同意」則建立於你與關係

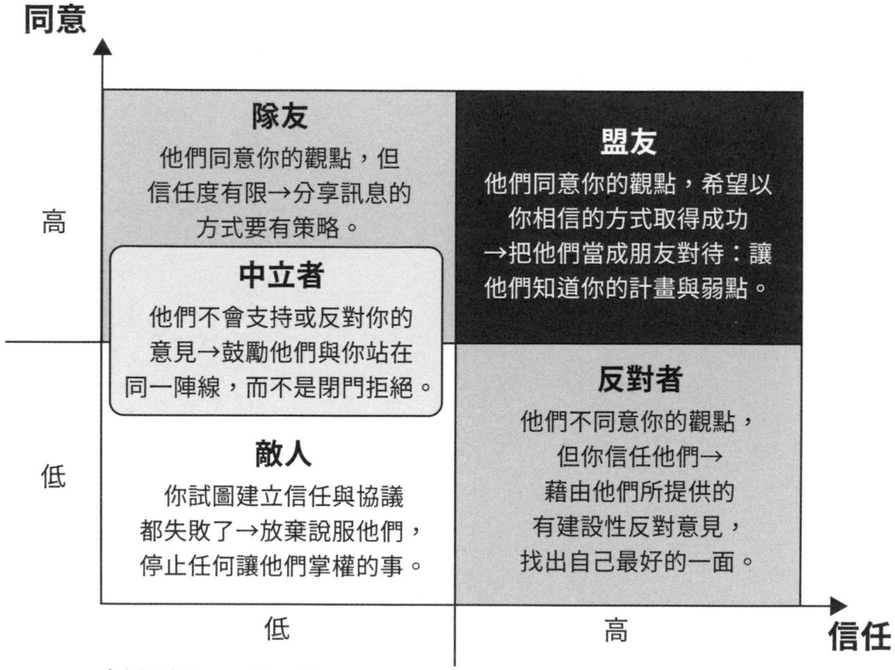

（改編自Peter Block）

人是否針對眼前的特定問題上有所共識。你可以根據關係人所在的矩陣位置，調整你的溝通方式，例如，你可能會先聯繫有共同願景和信任關係的盟友，以得到他們的支持與反饋。其次，在轉向低信任關係的關係人之前，你可能會先找已建立信任關係的反對者，取得關鍵的反饋意見。

▼善用言行一致的道德力量

想辦法讓關係人積極、公開、自願接受所建議的方案，相當管用。人們多半希望自己是言行一致的人，所以如果能讓別人儘早表達支持意願，就更容易確保事情能如你所願。具體來說，應該在向主要關係人提交你的方案之前，與他們進行一對一的談話。

▼創造稀缺性或縮小窗口

無論我們是否有意識到這一點，人們往往會覺得「供不應求」的機會比「機會十足」更有吸引力[11]。然而，避免稀缺性的習性與我們避免損失的固有習性息息相關，也證明了我們喜歡明確的事物更勝於賭博，即使賭博的預期回報更高[12]。那又怎樣？嗯，在實踐上，你需要為此系統性地闡述你的建議方案，讓關係人覺得依循此方案就能幫助他們避免損失。

如何在不利條件下，鼓勵團隊積極參與其中？

當條件充滿挑戰時，團隊無法達成目標的可能性就更高。如果這種情況越來越多，就會造成惡性循環，進而使團隊合作的成效逐漸受到影響。幸運的是，研究顯示採取緩解策略會有所幫助[13]，這些緩解策略包括：

- **建立對挑戰的共同理解：**團隊之中的每個人，不需要全部都知道所有事情，但他們必須對挑戰的關鍵元素有「足夠共享」的認知。隨著不同證據陸續出現以及不同關係人所支持的方案不同，持續提醒大家努力的目標和決策準則為何，可能會有所幫助。
- **承認勝利與成功：**相信在不利條件下依然能夠成功的團隊會表現得更好。透過交流團隊之間的成功經驗（無論大小）是一種有效的方法。所以如果團隊陷入僵局，或許可以提醒團隊他們之前已經克服了其他僵局，或是在意見不一致的情況下可以產出更好的成果。
- **建立心理安全感：**回想前幾章，心理安全感是團隊覺得他們可以坦承錯誤、說出反對意見、或在不被拒絕或處罰的前提下，承認處事混亂的範圍。團隊效能的重要指標就顯現於此，當團隊領導者無法看清一切、必須仰賴團隊發聲或提出問題時，心理安全感就特別重要[14]。

・**積極強化團隊韌性**：所謂的「團隊韌性」是指面對逆境時的耐受度和反彈能力。擁有高彈性的團隊會讓壓力的影響最小化，並藉由一開始預測難題向團隊傳達這段旅程會有很多起伏，畢竟這些都是可以預期的，如此一來，可以讓團隊成員在團隊中建立成長心態。比起「固定心態」（fixed mindset，相信智慧與才能是固定的）[15]，運用成長心態（growth mindset，相信智慧與才能可以提升）已被證實更能幫助人們以更有建設性的態度克服挫折。除此之外，領導者也可以透過這些方式幫助團隊，包括：評估新挑戰、在「正常」與「緊急」狀態之間靈活帶領團隊，並及時更新狀態。

一一擊破，告訴他們你的目的

不要等到你向關係人發表提案時，才發現有人反對你的建議。相反地，若時間允許，請先各別和他們接觸看看，評估他們支持（或反對）的程度到哪裡，才能充分理解什麼可以引起他們的共鳴。

在這個階段，我們經常聽到的問題是：應該先告訴受眾你的目標在哪裡？還是應該讓他們得出自己的結論？好，就讓我們一起找答案。不過，在此之前，請先閱讀以下文字：

報紙比雜誌好，海岸是比街道更好的地方。一開始就跑會比用走得好。你必須多試幾次，這需要一點技巧但很快就會上手了，即使是小孩也可以樂在其中。只要成功，這件事情就一點也不複雜了。鳥類鮮少靠在一起，但是雨往往滲透得很快。所以太多人做一樣的事也會發生問題，每個人都需要空間；如果沒有糾紛，就會非常平靜。石頭可以當作錨，但一旦逃脫，就沒有第二次機會了。

你可能會好奇，如果我們先告訴你我們想做風箏、玩風箏，那麼你重新閱讀上述這段文字的感覺會不同嗎[16]？在此想表達的重點是，如果你不事先告訴受眾你的目標，他們只能跟著你走一小段路，然後就會迷失在細節裡。不過，只要他們了解全部的重點所在，他們就必須再次檢視所有重點以確認他們是否認同。換言之，如果你先告訴他們你的目標，他們就能更有效地整合所有新資訊。

另一方面，懸念與緊張感是讓受眾有參與感的有力工具[17]。例如，一開始發表提案時可

過猶不及？限制參與的理由

在整本書中，我們證明了讓關係人參與其中能有所幫助，然而，有種不利情況就是「過度參與」。我們之中有人最近正在協助一間跨國企業，他們讓主要關係人過度參與，以致決策速度明顯減緩。這不單純是決策速度的問題，參與本身對各方來說都是成本，最終可能比參與價值更高。如果參與者對決策來說不太重要，可能就會產生一種浪費的感覺，並提高機會成本[18]。這時，你的難題就是創造「最佳參與程度」，其中包括那些可以增加價值的人，請他們在最能發揮的地方貢獻他們的付出即可。以下幾點可以幫得上忙：

- **釐清責任：**決策者需要保留適當的「責任」（responsibility，做出決策的所有權）、「權威」（權力所有權與做出決策所需的資源）和「問責」（accountability，承擔決策過程、結果的讚揚或責罵的所有權）。決策過程中，責任經常從一個團隊轉移到另一個團隊；發生這種情況時，權威與問責也必須轉移[19]。
- **釐清參與規則：**決策團隊中不是所有人都需要有相同的影響力。有些人可能只是被諮詢，有些人可能有投票權，有些人則可能有否決權。為團隊中的每一個人設定明確的角色和責任，進而創造出一個精確的共識非常重要[20]。

以先提出一個問題，讓受眾想一想為什麼這個問題很重要？答案可能是什麼？藉此創造強大的吸引力，為之後的內容建立興趣與好奇心。

將所有努力投入於分析之中只是投入了部分的參與，並不是對有限資源的最佳運用。然而，建立溝通沒有單一的正確方式，這取決於演說的類型、受眾、時間安排等因素，重點是認真處理，而這是在說服關係人之前就應該好好思考一番的問題。

搭配使用矩陣和金字塔模型，創造強而有力的說服

準備好向受眾傳遞你的方案（無論是一對一對談，還是更大的群體）時，釐清你想從對話中達成什麼樣的目標非常重要。一個「從（from）／到（to）」矩陣可以幫助你做到這一點：在「從」欄位列出受眾現在的想法（或做法），「到」欄位則是作為溝通成果——你希望受眾怎麼想（或怎麼做）[21]。

根據不同問題與不一樣的受眾，你可能會遇到不同程度的支持。有些人可能從一開始就非常支持你，若是如此，接下來要做的就是列出行動計畫並開始執行。不過其他人也可能會

質疑你提出的內容，所以需要更謹慎地說服這些人。

雖然針對不同情況找到適合的切入點，總是有些挑戰和困難，不過 FrED 提供了具體的作法，而這取決於預期的阻力會有多大。

- **預期阻力很少（步驟一）時**，可以直接發表你所建議的備選方案，解釋為什麼選擇做出這個決策。這個方法可以快速傳達你的想法，因為它只需專注於解釋所建議的解決方案上。
- **預期阻力偏多（步驟二）時**，直接跳到解釋解決方案可能會產生更多阻力。因此，最好先列出你曾考慮過的所有相關備選方案，分析它們的利與弊，從解釋你最終捨棄了哪些方案開始說明，最後再解釋為什麼保留了現在的解決方案。雖然有些人可能會繼續反對，不過這個方法強調了你曾考慮過各種途徑，這表示你重視程序公平性（詳見第六章），所以儘管會增加批評、反對意見仍在，

	從（From）	到（To）
想 (Think)	現在受衆在想什麼？	作爲溝通成果，你希望受衆怎麼想？
做 (Do)	現在受衆怎麼做（或不怎麼做）？	作爲溝通成果，你希望受衆怎麼做？

但至少可以讓正反雙方都理解並尊重你做出決策的方式。

• **預期阻力會很多（步驟三）時**，就請回到決策時的根本。這時，你可能要從對關係人來說最重要的事情開始傳達，也就是：寶藏和決策準則。這麼做還可以讓你的受眾意識到，不同的人在意不同的事，不同目的之間的緊張感也無法輕易調解。舉例來說，你可能會指出確保短期成功與長期生存之間的緊張關係；或是關注財務報酬的關係人，與優先考慮工作保障及條件的內部關係人，就像聯盟成員間彼此的緊張關係。

下一步，你或許會重新檢視可行的備選方案，並從你捨棄的方案開始，仔細檢查每個方案的利弊，這麼做可以讓你的思考策略更透明。最後，發表你最終選擇的解決方案，但不要只說好

預期阻力很多？從總結重要事物開始，
也就是準則，然後進行步驟❷

3

預期阻力很少？
直接說明你的推薦方案

1

我要如何從紐約到倫敦？		可負擔度	速度	舒適度	環保度	分數	排名
	加權	0.1	0.3	0.5	0.1		
	透過搭飛機	50	75	100	40	82	1
	透過搭直升機	25	50	75	25	58	3
	透過搭熱氣球	25	0	50	75	34	4
	透過搭火箭	0	100	0	0	27	5
	透過搭船	100	25	100	0	73	2

2

預期阻力偏多？從解釋你捨棄了哪些方案開始
（以及原因），然後進行步驟❶

的一面，也要包括方案的缺點並解釋原因，以及大致上來說你覺得這些解決方案還是比整體的其他方案好。毫無疑問，這依然是一個充滿挑戰的時刻，但或許更能展現出你曾用不同觀點來考量，而不是直接發表你所選擇的方案。

不論你選擇用哪一種方式，在此所強調的重點是：你應該試著以受眾的角度與他們接觸，而不是直接把他們帶往你想去的地方。

定義了你想傳遞的內容之後，也需要定義你想加入的細節等級。在此，可以將你的訊息當成金字塔組織，有助於你採用適當的細節等級且不會錯漏任何重要部分。為了達到這個目標，你可以從關鍵訊息開始（金字塔頂端），再根據需求深挖細節。你的關鍵訊息可以歸結於一到兩句短

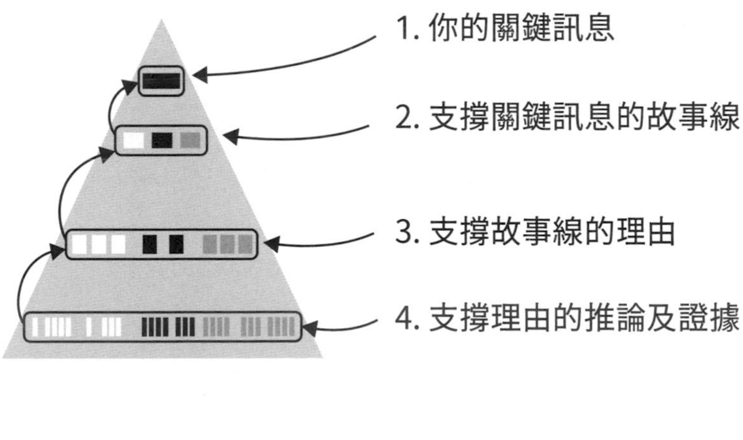

1. 你的關鍵訊息
2. 支撐關鍵訊息的故事線
3. 支撐故事線的理由
4. 支撐理由的推論及證據

語，概括總結你要告訴他們的事，比如：「我建議，我們應該專注在『轉移主要競爭者手上的客戶到我們公司』來增加營收。」

至於你的關鍵訊息是什麼，取決於你的故事線——共同支持你的結論的少數想法，而這些想法都包含理由，且每個理由都使用了推論和證據。

善用這個金字塔來組織你的訊息，可以妥善規劃如何根據你分配到的時間，以及每個部分需要的支撐程度來有效地傳遞訊息。

從開放態度轉換為立場堅定的無懈可擊

在解決問題的過程中抱持開放態度很值得讚許，但如果你在傳達推薦方案以及向組織成員解釋前進方向時，仍表現出這種彈性可能就會被誤解為猶豫不決。借用我們最近會談的資深管理人所說的話：「向我的董事會匯報時，我不能被解讀成傲慢，但我還是需要得到答案。」所以，在某些時刻你需要從「解決問題模式」（從別人口中得到反饋及觀點，以幫助你找出最好的方案）轉為「銷售模式」（說服廣大受眾接受你所選擇的方案），而不是陷入方案品質的細節討論。

欲轉換為銷售模式，你需要改變參與的方式。FrED工具，還有「為什麼地圖」及「如何地圖」、決策矩陣和整體決策，都可以幫助你架構出思考策略，甚至更容易因此從關係人口中得到有建設性的反饋。然而，向可能不熟悉主題且不一定有建設性的廣大受眾展示你的決策矩陣，通常不是好主意，為什麼？因為這麼做可能打開爭辯與反對準則的潘朵拉盒子，相信我們，你不會想拖延尋找方案及評估的程序。

在此以郵輪作為比喻，說明你為什麼應該明智地選擇工具來展現給不同的受眾。大型郵輪有多達二十層甲板，通常只有最上層會開放給遊客使用。儘管貨艙、廚房、引擎甲板都很重要，但都不會出現在視線之內——遊客在上層甲板漫步，從游泳池到餐廳，再從電影院回到自己的客艙，都不會看到支援的幕後工作。

同樣地，FrED工具非常重要，可以幫你得到可靠的結論——它就是你分析中的貨艙、廚房、引擎甲板，但你不一定想把分析過程展示給更多關係人看，而是應該把注意力放在整體故事線。當然，也許會提出部分關鍵圖形和明確建議作為支援，以及萬一有反對阻力你需要對各個備選方案充分理解，以便解釋為什麼你要做出這個決策，但不會想暴露所有背後努力的細節。

我們之所以強調這一點，是因為我們發現經常有課程學員非常熱衷於 FrED 架構及過程，他們想和更多受眾分享。但是，這麼做通常都不會有好結果，因為受眾會把發表重點轉移到預料之外的地方。

MECE 思考策略之於參與的重要性

向關係人報告結論時，你需要巧妙地組織你的訊息。這時，迫使自己使用 MECE 思考策略，有助於避免造成混亂和人們的緊張感。

想像一下你正建議透過減少固定成本以及關閉一間工廠，來改善公司的獲利能力。人們可能會問：「等一下，關閉工廠是為了減少固定成本的方式之一，還是有其他意思？」之所以會造成困惑，是因為兩項提議的措施有部分重疊。

不僅如此，建議透過減少固定成本來改善公司獲利能力，卻沒有提到關閉工廠以外的方式，會讓受眾好奇你是否考慮過其他方案。換句話說，如果你沒有窮盡思維，受眾就會感到緊張不安，並思考是否可以相信你。

另一方面，如果你早早列出方案的 MECE 特性，他們就比較不會懷疑你是否遺漏了某些對他們來說也很重要的事。想想被定義為「心智水桶」（回想第四章）的分類，建立合理的心智水桶就能從一開始便建立架構及興趣，鼓勵受眾繼續參與，而不是在你說完第一個重點之後受眾就開始滑手機。

蘋果公司在一九九〇年代瀕臨破產之後重組旗下系列產品，體現了 MECE 思考策略如何為組織提供了明確的方向。一九九七年史蒂芬．賈伯斯（Steve Jobs）重返蘋果時，該公司有非常龐大的產品系列（「龐大」一詞的另一個形容詞可能是「混亂」），包括：很多桌上型電腦、筆記型電腦、數位記事本、週邊設備（如：印表機、相機）。賈伯斯的第一個行動不是開發新靈感和商業模式，而是要求整理產品系列。當時他說：「產品線過於複雜，公司正在流失資金。有位朋友問我他該買哪臺蘋果電腦，因為他無法分辨每個型號之間的差異，而我也無法給出清楚的指引。[22]」他和團隊透過簡單的 MECE 架構進行了分析：客戶細分為專業用戶及個人用戶，產品分類分為桌上型及筆記型，而這為蘋果提供了一個簡單的四象限矩陣，定義了他們未來的產品組合。

「簡化分類」可以為組織內部帶來清晰明確的訊息，這樣無論是設計師、工程師、行銷團隊都知道了範圍之內、之外的內容，也幫助客戶和商業夥伴更了解蘋果產品。由此可見，MECE 思考模式不只能影響分策略析，也能為你的內部、外部關係人帶來清晰的溝通架構。

關於切換至銷售模式的最後一個重點：不是因為你試圖說服別人，就必須提供虛假的正確性。雖然普遍認為人們傾向接受表現出確定性的建議，但近期研究發現這個假設可能需要重新檢視[23]。簡單來說，與其假裝你非常肯定會發生什麼事，不如承認有內在的不確定性（inherent uncertainty）存在，例如：「根據我們今天看到的，我們有七十％的信心，最好的選擇是X方案，但我們也知道有內在的不確定性，因此我們會持續密切觀察這個情況，需要時會迅速改變方針。」

至於有哪些不確定性，我們會留待下一章深入討論。

本章重點

只有最好的分析還不夠，為了把策略轉為實際的解決方案，需要綜合你的研究發現使其成為有說服力的論點，說服你的關係人。

不要讓最後的發表有額外的驚喜！因此，若時間允許請至少先取得一位關係人的認同。

訴諸邏輯可能會讓你繞遠路。有時技巧性地訴諸於情緒或個人特質（亞里斯多德說服論的三根支柱）可能更有效益。最後，你的訊息也應該融合這些內容。

創造有力的故事線不一定就是隱晦的藝術。和 FrED 的其他部分一樣，將你的努力過程架構起來，就能指引你：找出你想達到的目標（從／到矩陣）、前往受眾所在之處尋找他們（高阻力時談準則、中阻力時談被捨棄的方案、低阻力時直接解釋最終選擇的方案），並運用金字塔模型組織你想要傳遞的訊息。

發表推薦的解決方案和解釋未來方向時，請從解決問題時的開放心態，轉為無懈可擊的銷售模式。

第九章

出發！——如何有效執行解決方案？

介紹了如何框架問題、探索方案、制定決策之後，現在我們要找出策略了；或者，其實我們已經找到了嗎？很難說，不確定性很高。在第九章會告訴各位如何透過「機率心態」有效地處理不確定性，同時，也會說明透過磨練技能，來專注於過程而非結果，以及如何更進一步提升解決問題的技巧；也會展示 FrED 如何幫你在短短幾分鐘內做出重大決策。

首先，讓我們看看如何處理不確定性。儘管已經付出最大的努力，但我們的結論還是有可能

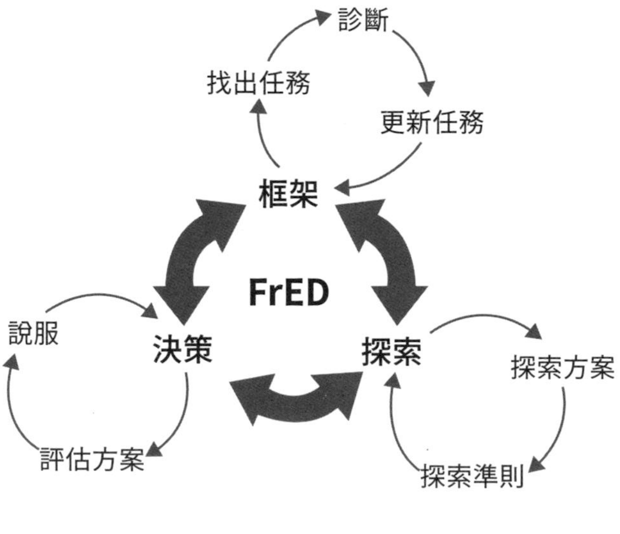

部分依賴於假設。不僅如此，環境也可能在解決問題的過程中發生改變，畢竟，不會因為我們已經完成分析環境就停止變化，或者不再出現任何新證據。

那麼，我們要如何因應變動環境？當我們應該改變卻堅持原有策略時，就稱為「繼續計畫偏誤」（plan continuation bias）或「繼續計畫錯誤」（plan continuation error，簡稱PCE）；托里谷號（Torrey Canyon）油輪外洩事件事發原因，以及曝光度不高的許多悲劇事件，就是因為這種普遍的偏誤。

大型油輪托里谷號為什麼無法變更路線？

一九六七年三月十八日星期六清晨，大型油輪托里谷號的大副發現船不在預期位置之後，修正了航行路線。這艘長三百公尺的油輪，裝載有十二萬噸的原油，北經英國錫利群島（Scilly Isles），剛剛行經了英格蘭西南方海岸。

當睡眠不足的船長魯加帝（Rugiati）醒來，他撤銷了大副的修正計畫[1]。船長正處於緊迫的時間壓力下，他必須在漲潮時抵達目的地，而大副決定的兩小時繞行計畫可能表示必須再多五天才有機會進港。所以魯加帝船長決定維持原計畫，行經錫利群島，而不是繞過群島。然而，這個決策帶來嚴重的環境影響：這艘油輪擱淺了，原油外洩在長達三百公里的英國及法國海岸——這是當時全世界最嚴重的原油外洩意外事件。

除了時間壓力，托里谷號還有其他問題，包括不盡理想的導航系統和糟糕的硬體設計。不過，意外發生的主因仍是魯加帝船長在新證據出現時調整速度過於緩慢。他固守於原訂計畫的時間太久了，當他終於決定改變計畫時，為時已晚，已經來不及阻止意外發生了[2]。

「過度自信」就是PCE的主因。例如，針對法國軍用飛機的意外研究中指出，多數情況下（五十四％），機組人員堅持己見不是因為他們無法處理訊息，而是因為他們過於相信自己面對風險的能力。研究更發現，我們無法靠自己擺脫這種過度自信的狀況，那些有辦法從固執中清醒過來的情況，其中有八十％都和外部干預有關[3]。

在航空界，更是把「錯誤」視為嚴重問題的表徵[4]，需要系統化、以證據為基礎的步驟來減少錯誤，所以或許我們可以從中學習。例如，設定最低天氣標準的個人確認表，讓機長能以此取消正在進行的降落程序，就是謹慎考量後的舉措[5]。那麼，對組織內的策略決策來說，什麼是相對應的預防措施？主要有兩個方法可供參考運用：

▼預先決定規則，以繼續當前策略

例如，可以問問自己：什麼可以讓我改變想法（或者問，我們選擇的策略仍是最佳行動方案嗎）？我們預期在執行策略的短短幾天、幾週、幾個月內，看到什麼樣的成功初期指標（或缺陷）？要特別清楚哪些指標會讓你對結論降低信心，甚至改變你前進的方式；儘管這些是我們不想看見的指標，但還是需要知道。

▼當情況改變時，堅持預先決定的規則

雖然聽起來很簡單，但想在充滿壓力的環境下依舊堅守為自己制定的規則，並不容易；根據經驗證據顯示，人在情緒激動之下就會把謹慎拋諸腦後。例如，針對機長的分析顯示，幾乎每個都（九十六・四％的受試對象）會違反他們飛行前為自己設立的規則，選擇採取更危險的行動方針[6]。為了幫助各位成為剩下的三・六％，記住你可以尋求「承諾機制」的

方式，例如尤里西斯約定（詳見第一章）。

採取機率心態

不確定是一種令人不安的狀態，但確定則是一種荒謬的情況[7]。

——伏爾泰（一七六七年四月六日致普魯士腓特烈二世的信）

走完了 FrED 流程，現在評估看看你對於所選擇的解決方案的信心程度如何？請從零（一點信心都沒有）到一百（非常肯定）為其評分。

量化你的信心程度（或不足程度）

套用英國哲學家暨數學家伯特蘭．羅素的話來說：「某種程度上每件事都是模糊不清的，但直到你試圖使其明確時，才會意識到這一點。」這個觀察在評估機率時，尤為顯著。

事實上，人們會用不同方式解釋可能性（例如：非常可能、不可能、極度不可能）；有時甚至是截然不同的方式，好比可以用數字（零到一百）來量化你的信心程度[8]。

不過，有些批評這個方法的人會說，數字評估對大多數人來說並不特別好懂。然而，美國達特茅斯學院（Dartmouth）政府學教授傑夫．弗里德曼（Jeff Friedman）則提出不同觀點：「多數人的年紀都在零到一百之間，所以當你看到陌生人時，通常會把這個人的年紀縮小至合理範圍內。或許，在其他條件相同的情況下，你覺得這個人的年紀落在三十歲到五十歲之間；如果沒有其他資訊，你會猜中間值四十歲。但也有可能會覺得有點太低，所以你會把推測調高到至四十二歲。我相信很少人會覺得這套邏輯太複雜或不正常。」

所有機率都會落在零到一百%之間。當你被要求評估論述為真的機率時，通常可以縮小到機率該有的合理範圍內。

幾乎沒機會	非常不可能	不可能	可能	有可能	非常可能	幾乎肯定
1-5%	5-20%	20-45%	45-55%	55-80%	80-95%	95-99%

（改編自國家情報總監處〔Office of the Director of National intelligence〕）

或許，所有條件一樣的情況下，你覺得機率大概落在三十到五十%之間。如果沒有其他資訊，會猜中間值四十%；但可能有點太低，所以會把推測調高到四十二%。根據邏輯觀點，這與推測陌生人年紀一樣。

那麼，為什麼我們直觀認為推測可能性很奇怪？我覺得答案是因為：我們沒有足夠的機會去調整對不確定性的判斷。

在你的一生中，會收到很多關於四十二歲的人長什麼樣子的訊息。如果我請你想像一個四十二歲的人，你大概可以浮現這個人的具體畫面。與此相對，不確定性是抽象的，很少人會花時間與精力去調整他們對不確定性的評估，因此，也就不意外人們會覺得很難思考四十二%的機會是「長什麼樣子」。但這不是認為機率推論不合理或不恰當的理由，而是應該要花更多的時間與精力，找出以嚴謹方式推測的原因[9]。

小心過度自信

當我們請高階主管們對剛完成的分析總結、評估自身的信心分數時，很多人表現出高度自信（通常是八十%或更高）。然而請注意，所謂對於結論的信心評分，應該取決於你對任務、方案、準則和評估的整體信心，也就是：信心程度是累加上去的，為此任何分析中的弱點，都會轉移到結論上！

我們請高階主管評估他們對分析中四個要素的信心，以突顯出他們加乘完的數字遠比原始推測低，他們才發現自己深受「過度自信」的偏誤影響。

如果我們後退一步，作為一個解決問題的人，我們的目標應該是對結果達到適當程度（有保證）的信心。首先，可以設定你覺得適合眼前問題的信心程度，其次不斷地更迭FrED循環，在你的分析中運用更迭過程處理弱點。不過請注意！這表示你將需要改變（部分）你在前一次循環中得到的結論，而在這個過程中，你的「確認偏誤」（confirmation bias）會很努力地讓你堅持

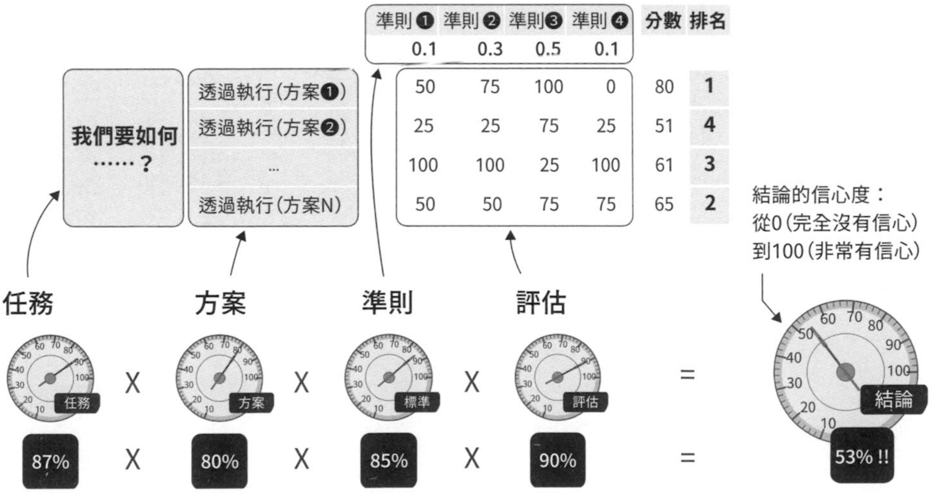

我們要如何……？
透過執行（方案❶）
透過執行（方案❷）
…
透過執行（方案N）
準則❶ 準則❷ 準則❸ 準則❹ 分數 排名
0.1 0.3 0.5 0.1
50 75 100 0 80 1
25 25 75 25 51 4
100 100 25 100 61 3
50 50 75 75 65 2
結論的信心度：
從0（完全沒有信心）
到100（非常有信心）
任務
方案
準則
評估
87% X 80% X 85% X 90% = 53% !!
結論

之前的想法。

一九七四年美國加州理工學院（Caltech）畢業典禮上，作為優秀的科學家，諾貝爾物理學獎得主理查・費曼（Richard Feynman）提出的建言是：「首要原則是你必須不自欺——你是最容易受騙的人[10]。」這句話對科學家來說是真理，對解決問題的人而言也是，所以你必須積極採取消除偏誤的方法（後文會有更多相關介紹）。簡而言之，根據新證據出現而改變想法時，你必須為此感到自豪。事實上，如果你在更迭的 FrED 過程中沒有徹底改變自己的想法，你的分析就會出現很重大的缺失卻渾然不自知。

處理不確定性

運用這個方法，你的目的是持續減少錯誤，而這意味著你必須處理不確定性。說得更清楚點，作為一個管理者，你一直都在面對不確定性，但你的工作不是根除它而是處理它[11]。你應該評估風險，以平衡得出更好的結論（透過另一個更迭的 FrED），實踐當前你已經開發出的策略。

注意，處理不確定性不一定代表是減少它。當然，所有條件都一樣的情況下，減少不確定性當然更好，但是每次面對的情況都不一樣，例如，若減少不確定性需要進行更多分析，那麼成本就會提高了。同理，進行更多分析也有機會成本，如果要獲得結果的時間太久，待有結果時，你的機會之窗也就關閉了（想想前言提到的波音困境）。

所以，你的目標不該是確定你已經找到「對」的答案，而是合理地相信你找出超棒／絕佳／夠好的答案[12]。要知道一個可以快速執行、夠好的答案，可以打敗一個執行起來太慢的絕佳答案，所以針對某些問題，你或許會決定只要設定有六十％的自信就足夠了，而不用到九十％[13]。想運用這種機率心態，前提是願意接受錯誤。如果你對結果沒有百分之百的自信（你理應如此），就要做好有時會出錯的準備。不過沒關

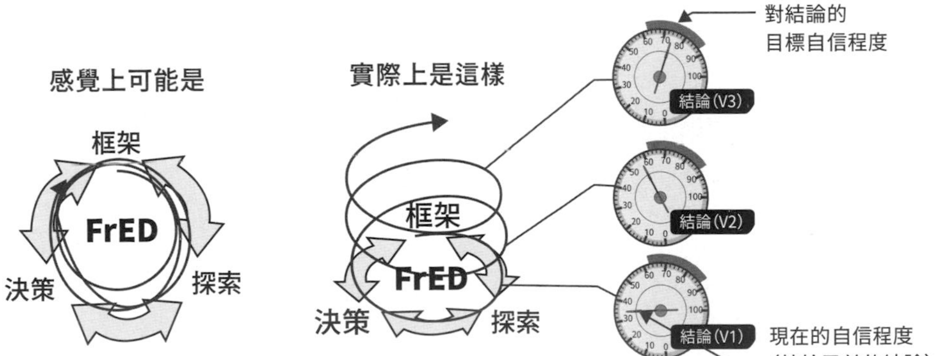

感覺上可能是
框架
FrED
決策
探索
實際上是這樣
框架
FrED
決策
探索
對結論的
目標自信程度
結論（V3）
結論（V2）
結論（V1）
現在的自信程度
（基於目前的結論）

係，把你的決策想成是一系列產品，有些很棒、有些可接受，其他還是不會太出色。但是，作為整體，你的系列產品還是很好。

一個必然的推論結果，就是你會從錯誤中學習。沒錯，錯誤讓人吃足苦頭，但它提供肥沃土壤供我們從中學習，這土壤或許比成功還滋養[14]。達到精通也需要失敗，沒有人第一次坐在鋼琴前就能完美無缺地彈出舒伯特（Schubert）的〈鱒魚〉（*Forelle*）。就這個論點來說，失敗不是成功的對立面，而是成功不可或缺的一部分。為此，重要的是讓失敗的代價可以被控制、承擔適當的風險[15]。有兩種方式可以做到：減少失敗的可能性，以及降低失敗所帶來的影響。

減少錯誤機率

如果過度自信，就等同暴露於不懷疑的風險下，如此可能會產生更多錯誤。同樣地，如果你過度自信，就可能會花太多時間在研擬策略，進而犧牲了執行力，這樣就可能導致失敗。所以，欲減少錯誤機率，需要調整對自我能力的自信程度[16]。減少過度自信的方式就是不要相信直覺，而是測試直覺，目標是持續證明它是錯的。要做到這件事，先問問自己：

「什麼證據可以改變我的想法？」然後去找反對證據。最後，你傾向的答案不該是擁有最有力證據的答案，而是那些經得起最嚴格批判檢視的答案。

至於最好的實踐方式，可能是美國組織心理學家亞當・格蘭格（Adam Grant）所說的「挑戰網絡」（challenge network）——由一群你所信賴的人來指出你的盲點[17]。

減少錯誤發生時所造成的影響

不管我們多努力試圖預防，錯誤還是會發生，所以我們不能只是懂得預防錯誤，也要擅長修正錯誤。事實上，人類越來越意識到「錯誤預防」與「錯誤管理」相輔相成。什麼是「錯誤管理」？就是當錯誤發生之後，有效處理錯誤的方法[18]。

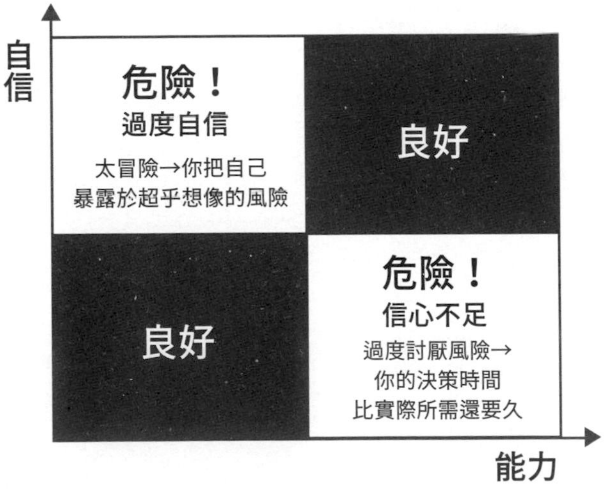
自信
危險！
過度自信
太冒險→你把自己
暴露於超乎想像的風險
良好
良好
危險！
信心不足
過度討厭風險→
你的決策時間
比實際所需還要久
能力

試試這個！創造有效的反饋

反饋（或「事後回顧」）通常運用在醫療界、航空界、美軍及無數透過系統化反思、討論、目標設定來改善體驗的學習環境。研究顯示，反饋可顯著改善個體與團隊的效率[19]。由此可見，設置有效的反饋可能相當有用。在一份二〇一三年的綜合分析中，心理學家譚能包恩（Tannenbaum）及伽拉佐利（Cerasoli）觀察到調整參與者、意圖、測試方式可以產出最大化效果，其中即使是「方向偏離」的反饋也能顯現合理的成效[20]。

反饋是讚揚良好團隊合作並指出需改善之處的絕佳機會。當反饋負面事件時，重要的是強調哪裡出錯，而不是誰出錯，以及團隊未來如何預防錯誤發生的方式[21]。

若手邊有一份文件化的 FrED 過程，能幫助你理解哪裡可以避開錯誤。只要看看矩陣，就可以檢視是否把重點放在錯誤的任務、錯過了值得一試的解決方案、遺漏了重要的準則、方案評估進行得很糟或誤判利弊。簡而言之，一份妥善記錄的 FrED 可以讓你在事後反饋時更詳盡地檢視過程與內容。相反地，如果你要看的只是你推薦的想法敘述，以及它特別好的原因，通常很難再回溯決策過程及哪裡出了錯。

這種基於 FrED 的深入理解，可以幫助你確定次優方案是否源於偏誤或運氣不好。而根據這個觀點，你可以在系統和流程上努力減少未來可避免的錯誤，比如：投入更多時間於探索方案中、更仔細地思考你的決策準則，或是更謹慎地權衡利弊。

更新你的思考策略

到目前為止，關於解決問題的努力，展示的都只是我們認為可能是一個好的解決方案（或策略）的假設。為此，我們應該測試假設，並在新證據出現時更新思考策略。

根據引領我們貫徹本書的科學思維，我們的策略也應該是「持續更新的假設」。如果你好奇這一切麻煩事是否值得，研究顯示，曾接受如科學家般訓練思考的企業家比較能獲得更好的結果，所以：這一切值得[22]！

採用貝氏世界觀

在機率理論中，貝氏定理（Bayesian thinking）是根據新證據出現以更新某人的思考策略。我們可能在前面談機率的部分失去了一半的讀者，但是，如果你還在讀，別怕，我親愛的讀者，沒有方程式了。好消息！只需要採用貝式定理的思考模式，就能獲得一些好處了。應用認識論者提姆・馮・蓋爾德（Tim van Gelder）提出具說服力的例子，將我們解決問題的方式從布林世界觀（Boolean worldview，一切都是注定的，不是真就是假、不是對就是錯），轉為貝氏世界觀（一切都有可能，從完全不可能的零到完全肯定的一百）[23]。

進行 FrED 過程中採用貝氏世界觀相當管用。例如，我們從一個感覺很不錯的問題開始，但診斷它的過程中會持續帶來新證據，以致讓我們重新框架它。同樣地，我們為了達成任務而尋求一個解方，但是在開發「如何地圖」的過程中找到新證據，進而取得更寬廣的解決方案空間；更新思考策略也可以幫助我們找出更好的準則，改善評估狀況。

事實上，即使在得出結論後我們還是該持續更新思考策略。隨著策略實踐，應該會得到新證據，而這個證據會顯示出我們預期發生的事與實際上的落差，這種情況應該會觸發再次檢視實踐過程：也許你應該改變策略、也許不用，但如果你堅持原訂策略，這就是一個有意識的決策，而非慣性結果。

改善你的水晶球

如果你已經知道未來的樣子，就會一直做出更好的決策。所以，作為決策者你必須做出預測，就像這句丹麥諺語：「預測很難，尤其是對未來的預測更難。」

在理想情況下，你要有良好的調整能力，可以對不熟悉的主題做出良好的初步假想，並在新證據出現時適時地更新思考策略。但是如果你只能擁有其中一種特質，我們認為擁有後者比較重要，因為那是能意識到偏離並適當校正的能力——說明白些，這種能力是無價的。

我們的「初步假想」（亦即先驗）會用兩種方式迷惑我們。如果先驗太強，就需要大量反對證據來改變想法，而這發生在我們之中最優秀的人身上：愛因斯坦堅信宇宙是靜止的，所以他需要加入一個變數在廣義相對論裡，也就是「宇宙論常數」（cosmological constant）[24]。相反地，過弱的先驗意味著需要更大量的支持證據來接受它，然而這種證據可能無法取得，以致阻礙進

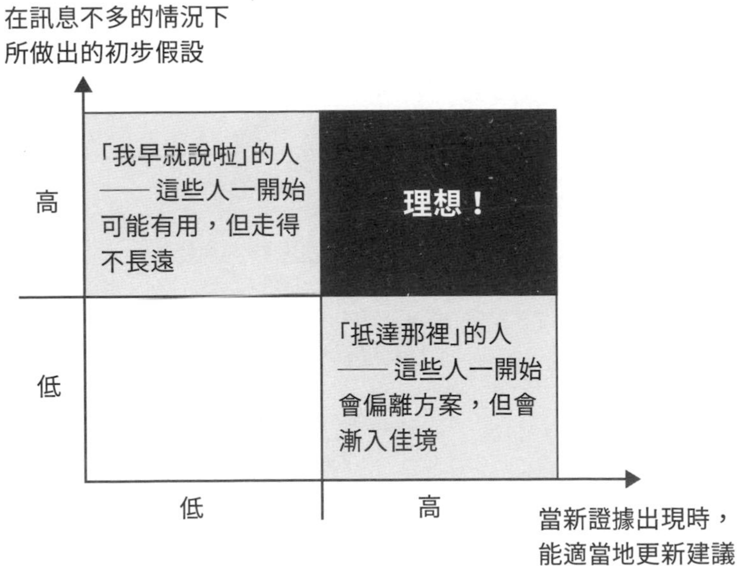
在訊息不多的情況下
所做出的初步假設
高
低
「我早就說啦」的人
——這些人一開始
可能有用，但走得
不長遠
理想！
「抵達那裡」的人
——這些人一開始
會偏離方案，但會
漸入佳境
低
高
當新證據出現時，
能適當地更新建議

展，正如各種科學進展一樣[25]。

對多數人而言，觀察到與預期不同的證據時我們會質疑證據，也會忽略它；我們在原訂規劃中加倍努力，或者會混淆並分散注意力（當然不是你，親愛的讀者，可以想想一些政治人物，不管哪一個）。例如前英國首相溫斯頓．邱吉爾（Winston Churchill）曾說過一句話：「人偶爾會被真理絆倒，但他們大多會快速振作起來，彷彿一切都沒發生過。」與此相對，我們應該整合這些新資訊來更新原始想法，但是誠如前述，這不代表我們應該要推遲執行直到我們肯定會發生什麼事，這難題在於「為不確定的未來做準備」與「把事情完成」之間取得平衡。透過把策略視為一種假設，並在新證據出現時持

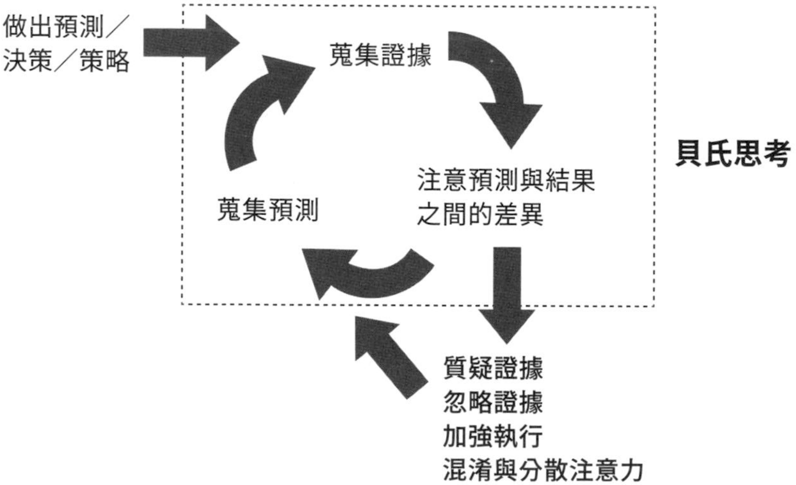
做出預測／決策／策略
蒐集證據
注意預測與結果之間的差異
蒐集預測
貝氏思考
質疑證據
忽略證據
加強執行
混淆與分散注意力

續更新思考策略，可以成功減少策略與執行之間的差距，因為我們把這些元素視為互相干擾的活動，進而可從宏觀的整合中獲益[26]。採用貝氏世界觀有許多實質的影響，其中，也許最重要的是：如果你對決策中某些成分沒有信心（任務、方案、準則、評估），只要在執行計畫中建立應變措施，就能在過程中快速修正路線。

透過「雙向門計畫」提前規劃實踐工作

分類決策是一種方式，可以把它們分為「單向門」和「雙向門」決策。單向門決策就是一旦決定，就很難或不可能修改；只要你走過那道門，門馬上就會關上，沒有把手能讓你開門回頭。想想賣掉公司、辭職、擠出來的牙膏、從飛機上跳下來（有降落傘，當然！），只要你跳下飛機，要回到飛機上就非常困難。

但其實多數的決策都是「雙向門」，只要稍微努力一下，就可以改變或反轉[27]。如果你透過預先規劃雙向門決策來架構實踐計畫，那麼當不確定性來到最高點時，你的計畫也將會保有靈活度，屆時最需要做的就是快速轉向即可。

同樣有用的作法，就是把看似單向門決策轉為雙向門決策。想想理查・布蘭森（Richard

Branson）是如何開展航空事業：「當我們推出維珍航空（Virgin Atlantic）時，我和波音達成協定，如果航空公司無法順利發展，我們可以在一年內把飛機歸還波音。謝天謝地，我們不需要這麼做。但如果事情並不順利，我還是可以打開門走回去。」此外，布蘭森也透過租借二手波音 747 而非購買新飛機來降低風險[28]。

無可挽回的決策？

一九二九年，位在美國印第安納州（Indiana）的貝爾電話公司（Bell Telephone Company）買下了一棟八層樓的建築；他們想要把這棟建築打掉重建，蓋一棟更大的總部。但是建築師老寇特．馮內果（Kurt Vonnegut Sr，沒錯，就是現代科幻小說家馮內果的父親）提出另一個方案：移動建築，為擴建騰出空間。

在一個月的時間內，他們運用混凝土、千斤頂、壓路機，將這棟一萬一千噸的建築，往南移動十六公尺，並轉向了九十度。由此可見，即使是看似最終無法挽回的決策，好比：選擇建築物的建造地點，其實最後也不是那麼肯定，依舊可以改變。所以，只要下點功夫，即時已經下決定也可以有所改變[29]。

磨練技能

就像提升其他高階技能一樣，欲提升解決複雜問題的能力需要刻意投入這個過程，同時利用及時且有建設性的反饋。

訓練

研究顯示「訓練」可有效提升解決問題的能力，以及最終提高團隊表現[30]，為此你可能需要刻意投資自己在提升解決問題的技能上。即使你無法開發組織內部的計畫，還是有辦法在這方面取得進步，例如，你可能想測試看看自己的過度自信程度如何[31]。英文網站ClearerThinking.org可以提供工具，幫助你進行自我評估[32]。根據這些觀點，你可以進行修正，例如改變依賴直覺的程度。

另外，「有效反饋」之於學習的重要性已經被廣泛確立[33]，所以，你可能想在低風險環境下測試FrED以獲取類似反饋。就像飛行員和外科醫師會運用模擬器，在即使出錯也不會產生影響的環境下磨練技能，所以找到可以拿來當成模擬器的低風險計畫吧！事實上，你也可以運用這個低風險計畫來打造出自己的確認清單，列出當壓力劇增時哪些事情是你需要特別當心的[34]。

建立解決問題的習慣

如果你可以把本書的工具轉換為思考習慣，就會特別有幫助。與其把書拿出來參考各個章節，只要能把 FrED 運用在幾個難題上，它的核心想法就會能成為你的第二天賦。

想一想，你是如何學會騎腳踏車的？我們多數人都需要耐心與堅持，偶爾還會摔傷膝蓋；FrED 也需要一樣堅持不懈的心。最好的解決問題之旅，就從意識到「解決複雜問題的方法」與你之前遇過的方法不同，但這不代

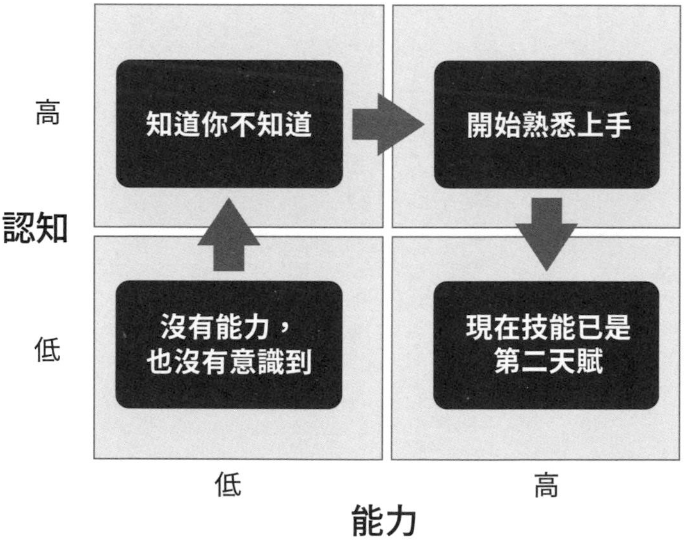

表你知道如何遵循這些方法，就像有一輛腳踏車也不代表你知道怎麼騎。只要創造出這個認知、有意識地運用這些工具，直到你牢牢地抓住他們，就像你練習騎腳踏車一陣子後，騎車就會變成很自然的事。解決問題也是一樣，到了某個時候，它就會成為第二天賦。

但要特別注意的是，如果在確實紮下新習慣之前就停止專注於這件事，便可能恢復成以往的做事方式。這件事發生在部分學員身上，他們在課堂上非常充分地享受運用 FrED，但是一回到家，還是回到以往的直覺模式。

專注於過程，而非結果

我們在解決問題上所付出的努力，其成功的原因不在於我們投入了什麼，運氣同樣是重要角色，這也是為什麼光靠結果來評判解決問題的過程並非明智之舉[35]。畢竟，壞掉的時鐘一天也會對兩次；即使我們遵循了不好的過程，偶爾也會有運氣好的時候而有了好結果，也就是說，最終即便是好結果，也可能只是僥倖脫逃了不好的過程。

實際上，你可以妥善利用 FrED 過程，特別注意結論中的四個要素：任務、方案、準則、評估。考慮到你所面對的阻礙，可以藉此評估你的過程是否足夠強健（下一節有更多說明）。

另外一個需要獲得的關鍵技能，就是能夠發展出多樣、可能互相對立的「心智模型」[36]。在處理過程中敞開心胸——保留有用的，除去無用的，可讓你在得出結論之前發展出各種不一樣的心智模型。美國作家史考特・費茲傑羅（F. Scott Fitzgerald）指出，在寫作時這種技能的重要性在於：「驗證頂尖智力的方式，就是腦中同時有兩種相反想法，還是能維持正常行事的能力。[37]」儘管堅持謹慎的過程，對於管理時間與精神空間來說相當重要，但還是要注意不要過度設計過程。有時我們會看到高階主管們投入不成比例的努力，最後卻還是無法發展出任何解決方案，因為他們沒有時間了。

如何在五分鐘內解決複雜問題？

如果你可以花好幾週、好幾個月解決問題，FrED 就是很好的指引，但總是有這種時候——你走進會議室發現你必須「立刻」做出高風險決策。如果只有幾分鐘就要把一個複雜問題想個透徹，該怎麼做？

當然，FrED 依舊管用，它可以幫助你在腦海中確認想法的正確性。在時間壓力下，你沒有能力深入任何步驟，但還是可以問問自己，在腦中跑過一輪：

- **我們關注的是一個對的任務嗎？（框架）**
- **我們考量的解決方案充足嗎？（探索）**
- **我們運用適當的評估準則嗎？（探索）**
- **我們的評估做得夠好嗎？（決策）**

另外，每當你發現自己陷入最佳推進方式的激烈爭辯時，這些問題也能派上用場。與其堅持你所偏好的方案（「我現在還無法說服他們，不過，如果我吼出來呢？」），問問自己這些問題是否可以幫助你理解：對話者的目標、他對方案的想法是什麼，以及他願意做怎樣的取捨。在討論什麼是最好的推進方式前，最好先掌握以上這三個關鍵觀點。

當然，如果這些都失敗了，大聲的就會贏。

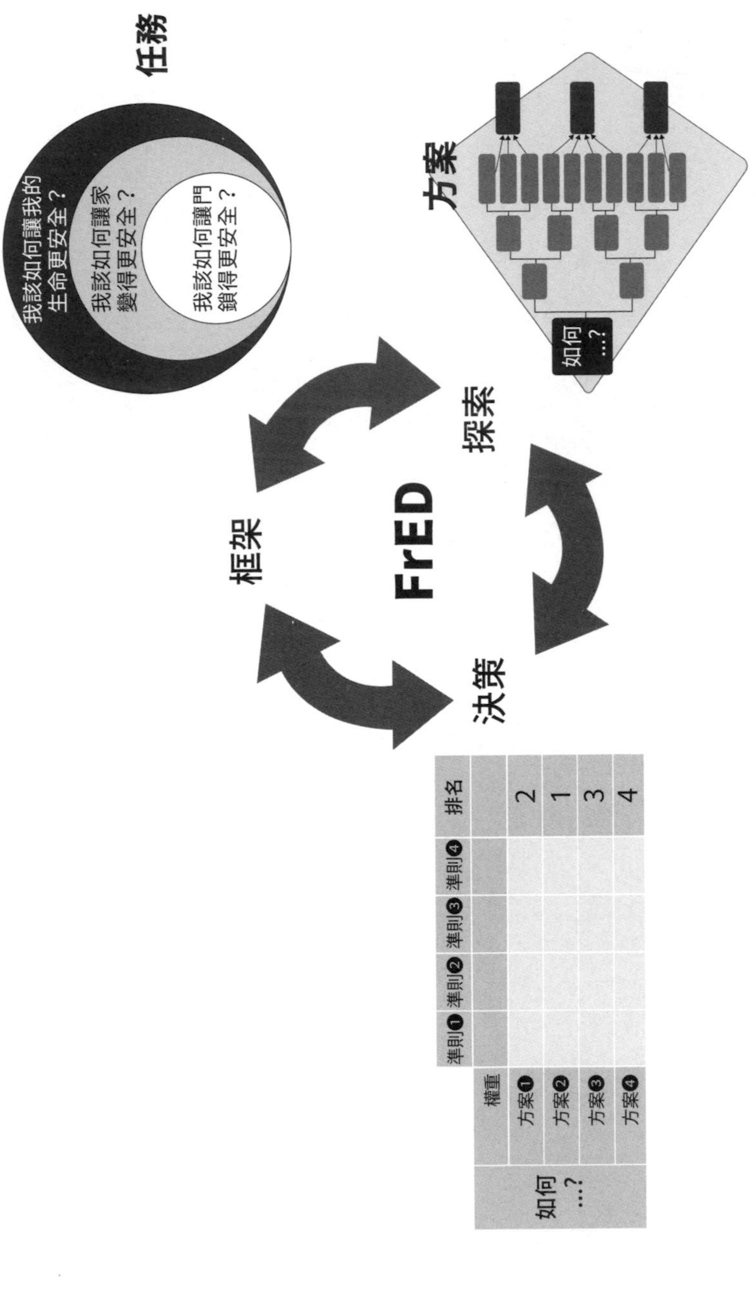
任務
我該如何讓我的生命更安全？
我該如何讓家變得更安全？
我該如何讓門鎖得更安全？
框架
探索
決策
FrED
方案
如何…？
如何…？
權重
方案❶
方案❷
方案❸
方案❹
準則❶
準則❷
準則❸
準則❹
排名
2
1
3
4

本章重點

分析的品質取決於任務、方案、準則、評估的品質，以上這些沒有互補性，需要各別為其設立最低標準。

調整你對分析品質的信心：不要只是做了分析就過度自信。與其相信直覺，不如測試它。以證據為基礎，但主要是尋找反對的證據。

很可能你的許多想法都是錯的。不是針對你，我們都是這樣！找找你可以做些什麼，簡單來說就是保持心胸開闊。根據你的具體阻礙，試著在多學習（少錯誤）及推進之間取得平衡。

重複運用 FrED，每次循環都集中在分析中最弱的部分，並採用貝氏定理：根據新證據出現更新思考策略，如果證據可靠，不要猶豫，馬上改變思考策略。

即使沒有時間充分運用工具，遵循 FrED 依然可以幫助你用更有架構的方式思考；把它當成思考用的地圖使用。

附注

序章

1 關於世界經濟論壇資料，請參考二〇一六年世界經濟論壇會議，page 22 of World Economic Forum (2016). The future of jobs: Employment, skills and workforce strategy for the fourth industrial revolution。麥肯錫的相關資料，請參考二〇二〇年麥肯錫季刊（*McKinsey Quarterly*），Five fifty: Soft skills for a hard world. National Research Council (2011). Assessing 21st century skills: Summary of a workshop。

2 Bunch, K. J. (2020). 'State of undergraduate business education: A perfect storm or climate change?' *Academy of Management Learning & Education* 19(1): 81–98.

3 請見 page 44 of PWC (2017). The talent challenge: Harnessing the power of human skills in the machine age.

4 關於何謂「複雜問題」沒有統一的定義；相關討論請見 Dörner, D. and J. Funke (2017). 'Complex problem solving: what it is and what it is not.' *Frontiers in Psychology* 8: 1153.

5 可參考 p. 5 of Mason, R. O. and I. I. Mitroff (1981). *Challenging strategic planning assumptions:*

Theory, cases, and techniques, Wiley New York. See pp. 87–90 of Mason, R. O. (1969). 'A dialectical approach to strategic planning.' *Management Science* 15(8): B-403-B-414; Wenke, D. and P. A. Frensch (2003). "Is success or failure at solving complex problems related to intellectual ability?" *The psychology of problem solving.* J. E. Davidson and R. J. Sternberg. New York, Cambridge University Press: 87–126.

6 請見 p. 4 of Pretz, J. E., A. J. Naples and R. J. Sternberg ibid. Recognizing, defining, and representing problems: 3-30; see p. 462 of Smith, S. M. and T. B. Ward (2012). Cognition and the creation of ideas. *Oxford handbook of thinking and reasoning,* Oxford: 456–474.

7 為了使閱讀過程更加流暢，之後會把「CIDNI 問題」稱為「複雜問題」。

8 Goldman, R. and C. Gilmor (2016). 影劇評論網「獨立一線」（*IndieWire*）：Netflix 觀看者平均花十八分鐘決定要看什麼節目。

9 可參考 Nickerson, R. S. (1998). 'Confirmation bias: a ubiquitous phenomenon in many guises.' *Review of General Psychology* 2(2): 175–220.

10 可參考 Kahneman, D., J. L. Knetsch and R. H. Thaler (1991). 'The endowment effect, loss aversion, and status quo bias.' *Journal of Economic Perspectives* 5(1): 193–206.

11 Pronin, E., D. Y. Lin and L. Ross (2002). 'The bias blind spot: Perceptions of bias in self versus others.' *Personality and Social Psychology Bulletin* 28(3): 369–381.

12 錨定效應相當有趣。心理學家康納曼和特沃斯基（A. N. Tversky）在一九七四年做過錨定效應的經典實驗，他們詢問受試者聯合國中非洲國家的比例之前，先給了零到一百的隨機數字，再讓受試者判斷真實比例是高於還是低於這個數字。比起隨機數字小，當出現較大的隨機數字時受試者的中值也會變大，此時錨定效應就出現了。請見 Tversky, A. and D. Kahneman (1974). 'Judgment under uncertainty: Heuristics and biases.' *Science* 185(4157): 1124–1131).

13 關於分類學，請見Dimara, E., S. Franconeri, C. Plaisant, A. Bezerianos and P. Dragicevic (2018). 'A task-based taxonomy of cognitive biases for information visualization.' *IEEE Transactions on Visualization and Computer Graphics* 26(2): 1413-1432. 也可參考 Yagoda, B. (2018). 'The cognitive biases tricking your brain.' *The Atlantic* (September).

14 請見 p. 79 of Kahneman, D. (2011). *Thinking, fast and slow.* New York, Farrar, Straus and Giroux. See also Milkman, K. L., D. Chugh and M. H. Bazerman (2009). 'How can decision making be improved?' *Perspectives on Psychological Science* 4(4): 379-383. 關於偏誤在決策及風險上更具體的分析，請參考 Montibeller, G. and D. Von Winterfeldt (2015). 'Cognitive and motivational biases in decision and risk analysis.' *Risk Analysis* 35(7): 1230-1251.

15 可參考 Lawson, M. A., R. P. Larrick and J. B. Soll (2020). 'Comparing fast thinking and slow thinking: The relative benefits of interventions, individual differences, and inferential rules.'

Judgment & Decision Making 15(5).

16 消弭偏誤十分困難。例如，康納曼曾懷疑這是否可行，但研究顯示人們僅能知道偏誤，但無法讓我們避免偏誤，或讓我們意識到自身受到偏誤的影響（Pronin, E., D. Y. Lin and L. Ross〔2002〕. 'The bias blind spot: Perceptions of bias in self versus others.' *Personality and Social Psychology Bulletin* 28(3): 369-381），不過還是有人提出方法（Soll, J. B., K. L. Milkman and J. W. Payne〔2015〕. A user's guide to debiasing. *The Wiley Blackwell handbook of judgment and decision making.* G. Keren and G. Wu.）同時，最近有研究證實，藉由訓練可能有助於消弭偏誤的發生（Morewedge, C. K., H. Yoon, I. Scopelliti, C. W. Symborski, J. H. Korris and K. S. Kassam〔2015〕. 'Debiasing decisions: Improved decision making with a single training intervention.' *Policy Insights from the Behavioral and Brain Sciences* 2(1): 129-140. Sellier, A.-L., I. Scopelliti and C. K. Morewedge〔2019〕. 'Debiasing training improves decision making in the field.' *Psychological Science* 30(9): 1371-1379）。

17 我們都曾做出不好的決策。從過程的角度來看一個不好的決策是「缺乏系統化的決策過程」所產出的結果，或者更精確地說，是跳過一個或多個FrED 步驟的決策過程。請見Enders, A., A. König and J.-L. Barsoux (2016). 'Stop jumping to solutions!' *MIT Sloan Management Review* 57(4): 63. See De Smet, A., G. Lackey and L. M. Weiss (2017). 'Untangling your organization's decision making.' *McKinsey Quarterly*: 6980. (De Smet, A., G. Jost and L. Weiss [2019]. 'Three

keys to faster, better decisions.' *The McKinsey Quarterly.*）美國管理學學者丹妮絲・魯梭（Denise Rousseau）指出了六種導出不好決策的組織偏差，而這些和我們的觀察有絕大部分相互重疊（以下有稍作修改）：解決錯誤問題、無視政治問題、只想到一種解決方案、專注於單一標準，受少數利益主導，過度依賴容易取得的證據，參考自 Rousseau, D. M. (2018). 'Making evidence- based organizational decisions in an uncertain world.' *Organizational Dynamics.*

18 Campbell, D. (2019). 'Redline: The many human errors that brought down the Boeing 737 Max.' *The Verge* 9. 也可見 Clark, N. and J. Mouawad (2010). Airbus to update A320 with new engines and wings. *The New York Times.* Polek, G. (2011). Boeing takes minimalist approach to 737 Max. *Aviation International News;* Peterson, K. and T. Hepher (2011). Race is on for sales of Boeing's MAX vs Airbus neo. *Reuters.* Hemmerdinger, J. (2021). 'How and why Boeing reengined the 737 to create the Max.' *FlightGlobal.* Campbell, D. (2019). 'Redline: The many human errors that brought down the Boeing 737 Max.' *The Verge* 9 2019. The Guardian (2020). Boeing 737 Max readies for takeoff after EU signals safety approval is imminent. Gelles, D., N. Kitroeff, J. Nicas and R. R. Ruiz (2019). Boeing Was 'Go, Go, Go' to Beat Airbus With the 737 Max. Herkert, J., J. Borenstein and K. Miller (2020). 'The Boeing 737 MAX: Lessons for engineering ethics.' *Science and Engineering Ethics* 26(6): 2957–2974. Smith, A., J. Maia, L.

Dantas, O. Aguoru, M. Khan and A. Chevallier (2021). Tale spin: Piloting a course through crises at Boeing. *IMD Case* 7-2279.

19 人們對於親自參與創造的物品，會認定其擁有更高的價值，這種心理傾向被稱為「宜家效應」（IKEA effect）。請見 Norton, M. I., D. Mochon and D. Ariely (2012). 'The IKEA effect: When labor leads to love.' *Journal of Consumer Psychology* 22(3): 453-460.

20 可參考 Pronin, E., T. Gilovich and L. Ross (2004). 'Objectivity in the eye of the beholder: Divergent perceptions of bias in self versus others.' *Psychological Review* 111(3): 781. Pronin, E., J. Berger and S. Molouki (2007). 'Alone in a crowd of sheep: Asymmetric perceptions of conformity and their roots in an introspection illusion.' *Journal of Personality and Social Psychology* 92(4): 585.

21 Ariely, D., W. Tung Au, R. H. Bender, D. V. Budescu, C. B. Dietz, H. Gu, T. S. Wallsten and G. Zauberman (2000). 'The effects of averaging subjective probability estimates between and within judges.' *Journal of Experimental Psychology: Applied* 6(2): 130. Johnson, T. R., D. V. Budescu and T. S. Wallsten (2001). 'Averaging probability judgments: Monte Carlo analyses of asymptotic diagnostic value.' *Journal of Behavioral Decision Making* 14(2): 123-140.

22 Maciejovsky, B., M. Sutter, D. V. Budescu and P. Bernau (2013). 'Teams make you smarter: How exposure to teams improves individual decisions in probability and reasoning tasks.' *Management*

Science 59(6): 1255-1270.

23 De Smet, A., G. Jost and L. Weiss (2019). 'Three keys to faster, better decisions.' *The McKinsey Quarterly*.

24 這樣的傾向稱之為「群體極化」（group polarization）。可參考 Sunstein, C. R. (1999). 'The law of group polarization.' University of Chicago Law School, John M. *Olin Law & Economics Working Paper*(91).

25 請見 Samuelson, W. and R. Zeckhauser (1988). 'Status quo bias in decision making.' *Journal of Risk and Uncertainty* 1(1): 7-59.

26 很多時候，我們無法更新自己的想法。貝氏更新（Bayesian updating）就是 FrED 的核心——依據新證據的出現來更新自己的想法，稍後我們會更深入談論這件事。關於在創業環境中植入科學思維的好處，根據近期的研究發現，經過清晰定義假說訓練、嚴格測試、依據測試結果決定的創業者，比起沒有經過同樣訓練的人明顯表現得更好。參考自 Camuffo, A., A. Cordova, A. Gambardella and C. Spina (2020). 'A scientific approach to entrepreneurial decision making: Evidence from a randomized control trial.' *Management Science* 66(2): 564-586。

27 出自約翰．梅納德．凱因斯的名言有些爭議，因為美國經濟學家保羅．薩繆森（Paul Samuelson）也有類似的名言。參考自 Kay, J. (2015). 'Keynes was half right about the facts.' *Financial Times* 4。

28「系統一」和「系統二」思考方式，該詞彙是由美國心理學家基斯・史坦諾維奇（Keith Stanovich）和理查・韋斯特（Richard West）所創，參考自 Stanovich, K. E. and R. F. West (2000). 'Individual differences in reasoning: Implications for the rationality debate?' *Behavioral and Brain Sciences* 23(5): 645-665。以色列裔美國心理學家康納曼於二〇一一年出版的《快思慢想》一書中採用相關詞彙，pp. 20-28 of (Kahneman, D. (2011). *Thinking, fast and slow.* New York, Farrar, Straus and Giroux。關於這兩種思考的差異，Barbara Spellman 的著作是一本很好的入門讀物 (Spellman, B. A. [2011]. *Individual reasoning. Intelligence analysis: Behavioral and social scientific foundations.* C. Chauvin and B. Fischhoff, National Academies Press). 或者也可參見 Kahneman 在諾貝爾獎上的演說 (Kahneman, D. [2002]. 'Maps of bounded rationality: A perspective on intuitive judgment and choice.' *Nobel Prize Lecture* 8: 351-401) 他提供更多詳細的介紹，欲了解更多，可參考 Kahneman (2011).

29 Riabacke, M., M. Danielson and L. Ekenberg (2012). 'State-of-the-art prescriptive criteria weight elicitation.' *Advances in Decision Sciences* 2012, ibid.

30 集合各家所長的「FrED」是我們根據與數百名高階管理人合作的經驗，並從各學科中集結而來的問題解決方法，包括以科學假設驅動的方法 (Gauch, H. G. [2003]. Scientific method in practice, Cambridge University Press.)、工程學中的 TRIZ 方法論 (Ilevbare, I. M., D. Probert and R. Phaal [2013]. 'A review of TRIZ, and its benefits and challenges in practice.'

Technovation 33[23]: 30–37) 以及設計師的設計思維方式和頂級策略諮詢公司所使用的方法 (Davis, I., D. Keeling, P. Schreier and A. Williams [2007]. 'The McKinsey approach to problem solving.' *McKinsey Staff Paper* 66).

31 別相信大師！在醫學領域中，專家的建議就是評分最低的證據。欲了解更多，可參考 Galluccio, M. (2021). Evidence-informed policymaking. *Science and diplomacy, Springer:* 65-74, Ruggeri, K., S. van der Linden, C. Wang, F. Papa, J. Riesch and J. Green (2020). 'Standards for evidence in policy decision-making.'

32 更多實際相關案例討論，可見 p. xxii of Barends, E., D. M. Rousseau and R. B. Briner (2014). Evidence-based management: The basic principles, Amsterdam.

33 Pasztor, A. (2021). The airline safety revolution: the airline industry's long path to safer skies. *The Wall Street Journal.*

34 可參考 Helmreich, R. L. (2000). 'On error management: Lessons from aviation.' *British Medical Journal* 320(7237): 781–785. Haerkens, M., M. Kox, J. Lemson, S. Houterman, J. Van Der Hoeven and P. Pickkers (2015). 'Crew resource management in the intensive care unit: A prospective 3-year cohort study.' *Acta Anaesthesiologica Scandinavica* 59(10): 1319–1329. Wahl, A. M. and T. Kongsvik (2018). 'Crew resource management training in the maritime industry: A literature review.' *WMU Journal of Maritime Affairs* 17(3): 377–396. Helmreich, R. L., J. A.

Wilhelm, J. R. Klinect and A. C. Merritt (2001). 'Culture, error, and crew resource management.' Haerkens, M. H., D. H. Jenkins and J. G. van der Hoeven (2012). 'Crew resource management in the ICU: The need for culture change.' *Annals of Intensive Care* 2(1): 1–5.

35 FrED 是反覆發生的過程。看看 Rittel 所面對的棘手問題 (Rittel, H. W. (1972). 'On the planning crisis: Systems analysis of the "first and second generations".' *Bedriftsokonomen* 8: 390–396). FrED 有朋友，我們提出的流程方法只是幫助決策和解決問題的眾多流程方法之一，其他方法還包括航空業使用的「DODAR」（診斷 [Diagnosis]、選項 [Options]、決策 [Decide]、分配任務 [Assign Tasks]、審查 [Review]）和「FOR-DEC」（事實 [Facts]、選項 [Options]、風險 [Risks] 以及利益－決策 [Benefits-Decide]、執行 [Execute]、檢查 [Check]）（請見 p. 167 of Orasanu-Engel, J. and K. L. Mosier (2019). 以上這些，都是機組人員進行決策時所使用的流程方法。*Crew resource management*. B. G. Kanki, J. Anca and T. R. Chidester. London, Academic Press: 139–183);「OODA」（觀察 [Observe]、定位 [Orient]、決策 [Decide]、行動 [Act]）。除此之外，還有很多其他的問題解決流程方法；學者伍茲（Woods）羅列出眾多學科中經常使用的一五〇種策略 (Woods, D. R. [2000]. 'An evidence based strategy for problem solving.' *Journal of Engineering Education* 89(4): 443-459).

第一章

1 關於決策的組成我們專注於四個要素：任務（quest）、方案（alternative）、準則（criterion）、評估（evaluation）。關於方案模型，請參考 p. 430 of Matheson, D. and J. E. Matheson (2007)。從決策分析到決策組織，可見 *Advances in decision analysis – From foundations to applications*. W. Edwards, R. F. J. Miles and D. von Winterfeldt, Cambridge: 419–450; and p. 39 of Howard, R. A. and A. E. Abbas (2016). *Foundations of decision analysis*, Pearson Education Limited.

2 參考 Bach, D. and D. J. Blake (2016). 'Frame or get framed: The critical role of issue framing in nonmarket management.' *California Management Review* 58(3): 66-87.

3 請見 Walters, D. J., P. M. Fernbach, C. R. Fox and S. A. Sloman (2017). 'Known unknowns: A critical determinant of confidence and calibration.' *Management Science* 63(12): 4298–4307. 糟糕的框架部分解釋……Paul Nutt (1999). 'Surprising but true: Half the decisions in organizations fail.' *Academy of Management Perspectives* 13(4): 75-90 中列出三個主要原因，解釋了組織之所以有一半決策都失敗的原因：管理層施壓，限制尋找答案的研究範圍；強制推行解決方案；運用權威推行計劃。關於框架問題，Paul Nutt 觀察到：「定義問題是管理階層最常做出決策的方式。管理階層想找出哪裡出錯並快速修正問題。因此，最常見的結果是草率地定義問題，但實則是被誤導產生的結果。只分析了表面的問題，更重要的核心問題卻

被忽略了。」以經驗為證據，在創業環境中「良好的框架」與「良好的結果」息息相關，可參考 Camuffo, A., A. Cordova, A. Gambardella and C. Spina (2020). 'A scientific approach to entrepreneurial decision making: Evidence from a randomized control trial.' *Management Science* 66(2): 564-586。

4 有時這被稱為「第三類型錯誤」（Type III error）。請參考 pp. 180-181 of Clemen, R. T. and T. Reilly (2014). *Making hard decisions with Decision Tools*, Cengage Learning.

5 更多關於此研究的資訊，請參考 Elisabeth Newton's dissertation with the description of the tapping game-pp. 33-46 of Newton, E. L. (1990). *The rocky road from actions to intentions.* Stanford University. 關於知識的詛咒（專業知識詛咒）的更多介紹，可參考 Camerer, C., G. Loewenstein and M. Weber (1989). 'The curse of knowledge in economic settings: An experimental analysis.' *Journal of Political Economy* 97(5): 1232-1254; Hinds, P. J. (1999). 'The curse of expertise: The effects of expertise and debiasing methods on prediction of novice performance.' *Journal of Experimental Psychology: Applied* 5(2): 205; Keysar, B., L. E. Ginzel and M. H. Bazerman (1995). 'States of affairs and states of mind: The effect of knowledge of beliefs.' *Organizational Behavior and Human Decision Processes* 64: 283-293; Keysar, B. and A. S. Henly (2002). 'Speakers' overestimation of their effectiveness.' Psychological Science 13(3): 207-212; and Heath, C. and D. Heath (2006). 'The curse of knowledge.' *Harvard Business*

Review 84(12): 20-23。

6 改編自 Irish Times (1997). Pope’s fancy footwork may have saved the life of Galileo.

7 Gershon, N. and W. Page (2001). ‘What storytelling can do for information visualization.’ *Communications of the ACM* 44(8): 31-37.

8 請見P. 66-67 of Willingham, D. ‘Why Don’t Students Like School?: A Cognitive Scientist Answers Questions About How the Mind Works and What It Means for the Classroom’ 2010, Jossey Bass.

9 向三位管理學教授詢問他們對於策略的定義，可能會得到五種答案！所以，為了釐清，我們的定義是：策略就是為了達成整體目標的行動計畫。

10 關於框架的寬廣度，可參考 pp. 46-47 of Wedell-Wedellsborg, T. (2020). *What’s your problem?*, Harvard Business Review Press。

11 Bibliothèque Nationale de France. (2015). ‘Le château de Versailles, 1661–1710 – Les fontainiers.’ Retrieved 11 May, 2021, from http://passerelles.bnf.fr/techniques/versailles_01_6.php.

12 Williamson, M. (2011). ‘Fangio escapes the pile-up.’ 2020 (June 7).

13 可參考 Bhardwaj, G., A. Crocker, J. Sims and R. D. Wang (2018). ‘Alleviating the plunging-in bias, elevating strategic problem-solving.’ *Academy of Management Learning & Education*

17(3): 279–301 and Chevallier (2019). 'A rock and a hard place at RWH.' *Case IMD-7-2186.*

14 創造一個支持參與式決策的環境。美國共同決策專家山姆・凱納（Sam Kaner）建議應該鼓勵大家說出心裡話；促進理解彼此的任務、目標，接受合理性；找出所有人都能理解的解決方案，而不只是多數講話大聲的關係人；同意所有人對於產出決策結果的規劃、處理過程都有責任。請參考 Kaner, S. (2014). *Facilitator's guide to participatory decision-making*, John Wiley & Sons, p. 24。

15 Keeney, R. L. (1992). Value-focused thinking: A path to creative decision-making. Cambridge, Massachusetts, Harvard University Press; Howard, R. A. and J. E. Matheson (2005). 'Influence diagrams.' *Decision Analysis* 2(3): 127-143.

16 Spellecy, R. (2003). 'Reviving Ulysses contracts.' *Kennedy Institute of Ethics Journal* 13(4): 373-392. 也可見 pp. 200-203 of Duke, A. (2018). *Thinking in bets: Making smarter decisions when you don't have all the facts,* Portfolio.

17 Ariely, D. and K. Wertenbroch (2002). 'Procrastination, deadlines, and performance: Self-control by precommitment.' *Psychological Science* 13(3): 219-224.

18 獨立思考：已證實腦力寫作能產出比腦力激盪更好的成果。請參考 pp. 109-111 of Rogelberg, S. G. (2018). *The surprising science of meetings: How you can lead your team to peak performance,* Oxford University Press, USA. 也可見 Heslin, P. A. (2009). 'Better than

brainstorming? Potential contextual boundary conditions to brainwriting for idea generation in organizations.' *Journal of Occupational and Organizational Psychology* 82(1): 129-145; Linsey, J. S. and B. Becker (2011). Effectiveness of brainwriting techniques: comparing nominal groups to real teams. *Design creativity* 2010, Springer: 165-171; and Kavadias, S. and S. C. Sommer (2009). 'The effects of problem structure and team diversity on brainstorming effectiveness.' *Management Science* 55(12): 1899–1913. 關於「腦力激盪」和「腦力寫作」的優點比較，以及「德爾菲法」（Delphi method）的更多討論，請見 pp. 125–128 of Chevallier, A. (2016). *Strategic thinking in complex problem solving.* Oxford, UK, Oxford University Press. 也可見 Keeney, R. L. (2012). 'Value-focused brainstorming.' *Decision Analysis* 9(4): 303–313.

19 McKee, R. and B. Fryer (2003). 'Storytelling that moves people.' *Harvard Business Review* 81(6): 51-55.

20 我們將於第七章深度探究這個重要部分。

21 另一種學會在看似毫不相關的問題中找到共同點的方式。我們會在第四章討論這個技能，名為「類比問題解決法」（analogical problem solving）。

22 機長召集團隊。請見 p. 53 of Tullo, F. J. (2019). Teamwork and organizational factors. *Crew resource management*, Third edition. London, Elsevier: 53-72.

23 請見 De Smet, A., G. Jost and L. Weiss (2019). 'Three keys to faster, better decisions.' *The*

McKinsey Quarterly.

24 請見 pp. 11-12 of French, S., J. Maule and N. Papamichail (2009). *Decision behaviour, analysis and support*, Cambridge University Press.

25 可參考 the RAPID approach for assigning roles in Rogers, P. and M. Blenko (2006). 'Who has the D.' *Harvard Business Review* 84(1): 52-61.

26 Dijkstra, F. S., P. G. Renden, M. Meeter, L. J. Schoonmade, R. Krage, H. Van Schuppen and A. De La Croix (2021). 'Learning about stress from building, drilling and flying: a scoping review on team performance and stress in non-medical fields.' *Scandinavian Journal of Trauma, Resuscitation and Emergency Medicine* 29(1): 1-11.

27 請見 pp. 54–58 of Tullo, F. J. (2019). Teamwork and organizational factors. *Crew resource management*, Third edition. London, Elsevier: 53-72.

28 Kahneman, D. and D. Lovallo (1993). 'Timid choices and bold forecasts: A cognitive perspective on risk taking.' *Management Science* 39(1): 17-31. 也可見 p. 117-121 of Tetlock, P. E. and D. Gardner (2015). *Superforecasting: The art and science of prediction*, Random House.

29 由外而內的方法，這是由 Kahneman 和 Lovallo 所建議的方法 (Kahneman, D. and D. Lovallo (1993). 'Timid choices and bold forecasts: A cognitive perspective on risk taking.' *Management Science* 39(1): 17–31) 這與印度裔英美雙籍小說家薩爾曼・魯西迪（Salman Rushdie）的評論

相呼應：「只有那些走出框架的人才能看到全貌。」

30 Sasou, K. and J. Reason (1999). 'Team errors: definition and taxonomy.' *Reliability Engineering & System Safety* 65(1): 1–9.

31 請見 p. 171 of Orasanu, J. (2010). Flight crew decision-making. *Crew resource management*. B. G. Kanki, R. L. Helmreich and J. Anca. San Diego, CA, Elsevier: 147–180.

32 請見 pp. 100-102 of Ginnett, R. C. (2010). 'Crews as groups: Their formation and their leadership.' *Crew resource management.* B. Kanki, R. Helmreich and J. Anca: 79-110. See also Lingard, L., R. Reznick, S. Espin, G. Regehr and I. DeVito (2002). 'Team communications in the operating room: Talk patterns, sites of tension, and implications for novices.' *Academic Medicine* 77(3): 232-237. 也可見 p. 307 of Rogers, D. G. (2010). 'Crew Resource Management: Spaceflight resource management.' *Crew resource management*. B. G. Kanki, R. L. Helmreich and J. Anca. San Diego, CA, Elsevier: 301-316.

第11章

1 請見 Cartwright, W. (2012). Beck's representation of London's underground system: Map or diagram? GSR. Jenny, B. (2006). 'Geometric distortion of schematic network maps.' *Bulletin of the Society of Cartographers* 40(1): 15-18.

2 相關討論，可見 p. 189 of Haran, U., I. Ritov and B. A. Mellers (2013). ‘The role of actively open-minded thinking in information acquisition, accuracy, and calibration’. 相關介紹，可見 pp. 157-161 of Arkes, H. R. and J. Kajdasz (2011). Intuitive theories of behavior. *Intelligence analysis: Behavioral and social scientific foundations.* B. Fischhoff and C. Chauvin, The National Academies Press: 143-168.

3 Adams, G. S., B. A. Converse, A. H. Hales and L. E. Klotz (2021). ‘People systematically overlook subtractive changes.’ *Nature* 592(7853): 258-261.

4 Thompson, D. V., R. W. Hamilton and R. T. Rust (2005). ‘Feature fatigue: When product capabilities become too much of a good thing.’ *Journal of Marketing Research* 42(4): 431-442.

5 關於策略權威學者魯梅特談及如何吸收複雜性，請見 p. 111 of Rumelt, R. P. (2011). *Good strategy/bad strategy: The difference and why it matters*, Rumelt, R. P. (2012).

6 注意句子中的形容詞「有意義」；話雖如此，仍可包含一些無意義的訊息（稱之為「情境訊息」[contextual information]），以幫助觀眾融入情境。這種情境資訊不需要出現在序列……但仍應該盡量包含些許這類的訊息。

7 請見 Higdon, M. J. (2009). ‘Something judicious this way comes ...The use of foreshadowing as a persuasive device in judicial narrative.’ *University of Richmond Law Review* 44: 1213.

8 請見 Rider, Y. and N. Thomason (2010). Cognitive and pedagogical benefits of argument

mapping: LAMP guides the way to better thinking. *Knowledge cartography: Software tools and mapping techniques*. A. Okada, S. J. Buckingham Shum and T. Sherborne. London, Springer: 113–130; Twardy, C. (2010). 'Argument maps improve critical thinking.' *Teaching Philosophy* 27(2): 95–116.

9 BBC News. (2014). 'French red faces over trains that are "too wide".' Retrieved March 14, 2021, from https://www.bbc.com/news/world- europe-27497727. Carnegy, H. (2014). New French trains too big for stations. *Financial Times*.

10 可參考 pp. 147-151 of Arkes, H. R. and J. Kajdasz (2011). Intuitive theories of behavior. *Intelligence analysis: Behavioral and social scientific foundations.* B. Fischhoff and C. Chauvin, The National Academies Press: 143-168. Bang, D., L. Aitchison, R. Moran, S. H. Castanon, B. Rafiee, A. Mahmoodi, J. Y. Lau, P. E. Latham, B. Bahrami and C. Summerfield (2017). 'Confidence matching in group decision- making.' *Nature Human Behaviour* 1(6): 1–7.

11 Clearer Thinking. (2021). 'Make better decisions.' Retrieved 30 July, 2021, from https://www.clearerthinking.org.

12 請見 Kitman, J. L. (2018). Peugeot returns to U.S. to help people get around, but not with its cars. *New York Times.* Achment, O., L. Girard, S. Kanabar, N. Köhler, S. Schnorf and A. Chevallier (2020). Conquering America: Can Peugeot stage a successful return to the US? *IMD*

Case 7-2221.

13 請見 Chevallier, A. (2019). 'A rock and a hard place at RWH.' *Case IMD*-7-2186.

14 關於工作記憶如何限制思考，請見 Baddeley, A. (1992). 'Working memory.' Science 255(5044): 556-559; Dufresne, R. J., W. J. Gerace, P. T. Hardiman and J. P. Mestre (1992). 'Constraining novices to perform expertlike problem analyses: Effects on schema acquisition.' *The Journal of the Learning Sciences* 2(3): 307-331. 也可見 Dunbar, K. N. and D. Klahr (2012). Scientific thinking and reasoning. *The Oxford handbook of thinking and reasoning.* K. J. Holyoak and R. G. Morrison. New York, Oxford University Press: 701-718.

15 創造對於問題的共同理解是重要的里程碑，請參考 p. 83 of Riel, J. and R. L. Martin (2017). *Creating great choices: A leader's guide to integrative thinking,* Harvard Business Press. 關於共同理解的價值，可參考 Porck, J. P., D. van Knippenberg, M. Tarakci, N. Y. Ateş, P. J. Groenen and M. de Haas (2020). 'Do group and organizational identification help or hurt intergroup strategic consensus?' *Journal of Management* 46(2): 234–260; and Lee, M. T. and R. L. Raschke (2020). 'Innovative sustainability and stakeholders' shared understanding: The secret sauce to "performance with a purpose".' *Journal of Business Research* 108: 20–28.

16 可參考 pp. 266–267 of French, S., J. Maule and N. Papamichail (2009). *Decision behaviour*, analysis and support, Cambridge University Press. 也可見 p. 280 of Hayes, J. R. (1989). *The*

complete problem solver. New York, Routledge.

第三章

1 一九九〇年航空意外調查科報告。Report on the accident to Boeing 737-400 G-OBME near Kegworth, Leicestershire on 8 January, 1989 (Aircraft Accident Report 4/90). HMSO. London.

2 來到洛桑管理學院的多數高階主管，……在洛桑管理學院的兩年研究期間，我們訪問了四百五十位以上的資深管理人員和高階主管，請他們分享在組織中所觀察到在解決問題時經常發生的普遍問題，其中有五十五%受訪者表示，這個問題就發生在框架問題這個部分；不論組織的地理位置、產業類別、工作資歷，我們所獲得的都是一樣的答案。

3 請見 pp. 16-24 of Kelley, T. and D. Kelley (2013). *Creative confidence: Unleashing the creative potential within us all,* Currency.

4 可參考 Arnheiter, E. D. and J. Maleyeff (2005). 'The integration of lean management and Six Sigma.' *The TQM Magazine* 17(1): 5-18. Chapter 7 of Andersen, B. and T. Fagerhaug (2006). *Root cause analysis: Simplified tools and techniques.* Milwaukee, WI, ASQ Quality Press. Card, A. J. (2017). 'The problem with "5 whys".' *BMJ Quality & Safety* 26(8): 671-677. Chiarini, A., C. Baccarani and V. Mascherpa (2018). 'Lean production, Toyota production system and kaizen

philosophy.' *The TQM Journal.*

5 關於何時該停止挖掘更多細節的討論，請參考 pp. 65-67 and 123-124 of Chevallier, A. (2016). *Strategic thinking in complex problem solving.* Oxford, UK, Oxford University Press.

6 這種方法類似於使用「斷言證據」（assertion-evidence）結構來製作簡報，這已被證明能增強理解和記憶，相關介紹可參考 Garner, J. K. and M. P. Alley (2016). 'Slide structure can influence the presenter's understanding of the presentation's content.' *International Journal of Engineering Education* 32(1): 39-54; and Garner, J. and M. Alley (2013). 'How the design of presentation slides affects audience comprehension: A case for the assertion–evidence approach.' *International Journal of Engineering Education* 29(6): 1564-1579.

7 MECE 原則發展許久，有些人會說 MECE 原則來自於麥肯錫思維，但其實由來已久。幾世紀以前就存在於哲學領域（最開始是由十三世紀的蘇格蘭哲學家鄧斯・司各脫〔John Duns Scotus〕所提出），另外它也是機率論（probability theory）中的重要概念。

8 可參考 Basadur, M. (1995). 'Optimal ideation-evaluation ratios.' *Creativity Research Journal* 8(1): 63–75.

9 這樣的地圖分析法相當受歡迎，我們的「問題地圖」，也就是本章提到的「為什麼地圖」和下一章將提到的「如何地圖」都只是眾多解決複雜問題的視覺化工具之一。更多相關討論，可參考 p. 47 of Chevallier (2016)。

10 改編自pp. 89-92 of Sim, L. J., L. Parker and S. K. Kumanyika (2010). *Bridging the evidence gap*

in obesity prevention: A framework to inform decision making. Washington, DC, The National Academies Press.（順帶一提，由於是改編所以用「LEAD」縮寫其實不是很精準，但我們還是保留使用，因為用縮寫「LESD」不太吸引人）懂得運用證據可能不太容易，不過一旦懂得運用證據就會讓你快速變得專業，建議初學者可以從本書所提到的四步驟開始練習，或是參考 Tecuci, G., D. A. Schum, D. Marcu and M. Boicu (2014). 'Computational approach and cognitive assistant for evidence-based reasoning in intelligence analysis.' *International Journal of Intelligent Defence Support Systems* 5(2): 146–172; and Tecuci, G., D. Schum, M. Boicu, D. Marcu and K. Russell (2011). 'Toward a computational theory of evidence-based reasoning.' 18th International Conference on Control Systems and Computer Science, *University Politehnica of Bucharest.* 深入探討如何運用證據，可參考 Anderson, T., D. Schum and W. Twining (2005). *Analysis of evidence.* New York, Cambridge University Press.

11 請見 Walters, D. J., P. M. Fernbach, C. R. Fox and S. A. Sloman (2017). 'Known unknowns: A critical determinant of confidence and calibration.' *Management Science* 63(12): 4298–4307.

12 一些關於如何處理證據的簡要介紹，可參考 pp. 97-102 of Chevallier, A. (2016). *Strategic thinking in complex problem solving.* Oxford, UK, Oxford University Press. 更多深入討論，可參考Anderson, T., D. Schum and W. Twining (2005). *Analysis of evidence. New York*, Cambridge University Press. 另外，有關推廣以證據為依據的推理，澳洲墨爾本大學（The

University of Melbourne）的 SWARM 計畫在「結構化分析」和「讓團隊利用其特定優勢進行預測」之間找到了最佳平衡點，可參考 Van Gelder, T., R. De Rozario and R. O. Sinnott (2018). 'SWARM: Cultivating evidence-based reasoning.' *Computing in Science & Engineering* 20(6): 22–34.

13 在正式研究中我們不能「接受」假說，只能說「無法拒絕」假說。不過在此為了方便起見，就暫且使用「接受」一詞。

14 在醫學上，這種情況被稱為合併症（comorbidity），請見 First, M. B. (2005). 'Mutually exclusive versus co-occurring diagnostic categories: The challenge of diagnostic comorbidity.' *Psychopathology* 38(4): 206-210.

第四章

1 可參考 Richards, L. G. (1998). *Stimulating creativity: Teaching engineers to be innovators.* FIE'98. 28th Annual Frontiers in Education Conference. Moving from 'Teacher-Centered' to 'Learner-Centered' Education. Conference Proceedings (Cat. No. 98CH36214), IEEE.

2 請見 Bouquet, C. and J. Barsoux (2009). 'Denise Donovan (A): Getting Head Office Support for Local Initiatives.' *IMD Case Series IMD-3-2103*, Lausanne, Switzerland.

3「解決方案」與「價值導向」思考策略。雖然 FrED 非線性發展，但我們建議在探索準則之前，先探尋解決方案（亦即「價值導向思考策略」），這兩種方式都是可行的。更多相關資訊，請參考 P. 55 of Goodwin, P. and G. Wright (2014). *Decision analysis for management judgment*, John Wiley & Sons; Keeney, R. L. (1992). *Value-focused thinking: A path to creative decision making*. Cambridge, Massachusetts, Harvard University Press; Wright, G. and P. Goodwin (1999). 'Rethinking value elicitation for personal consequential decisions.' *Journal of Multi-Criteria Decision Analysis* 8(1): 3–10.

4 擴散性思考和聚斂性思考會發生於解決問題過程中的所有階段。請見 Basadur, M. (1995). 'Optimal ideation-evaluation ratios.' *Creativity Research Journal* 8(1): 63-75.

5 可參考 Siemon, D., F. Becker and S. Robra-Bissantz (2018). 'How might we? From design challenges to business innovation.' *Innovation* 4.

6 UN News. (2019). 'Teen activist Greta Thunberg arrives in New York by boat, putting 'climate crisis' in spotlight.' Retrieved April 21, 2021, from https://news.un.org/en/story/2019/08/1045161.

7 請見 Girotra, K., C. Terwiesch and K. T. Ulrich (2010). 'Idea generation and the quality of the best idea.' *Management Science* 56(4): 591–605.

8 讓我把你的問題通通告訴你：為什麼不同的意見有助於改善結果？其中一個可能的解釋是

人們在「評估」論點時，通常會比「敘述」論點更為嚴苛。為此，觀點之間的爭論和衝突越多，反而更能產生更多有益的解決方案。Mercier, H. (2016). 'The argumentative theory: Predictions and empirical evidence.' *Trends in Cognitive Sciences* 20(9): 689-700.

9 Hong, L. and S. E. Page (2004). 'Groups of diverse problem solvers can outperform groups of high-ability problem solvers.' *Proceedings of the National Academy of Sciences of the United States of America* 101(46): 16385–16389.

10 關於這點的初步討論，可參考 Bang, D. and C. D. Frith (2017). 'Making better decisions in groups.' *Royal Society Open Science* 4(8): 170–193.

11 Horwitz, S. K. and I. B. Horwitz (2007). 'The effects of team diversity on team outcomes: A meta-analytic review of team demography.' *Journal of Management* 33(6): 987–1015.

12 請見 p. 61 of National Research Council (2011). *Intelligence analysis for tomorrow: Advances from the behavioral and social sciences.* Washington, DC, National Academies Press.

13 Bang, D. and C. D. Frith (2017). 'Making better decisions in groups.' *Royal Society Open Science* 4(8): 170–193. Schulz-Hardt, S., F. C. Brodbeck, A. Mojzisch, R. Kerschreiter and D. Frey (2006). 'Group decision making in hidden profile situations: Dissent as a facilitator for decision quality.' *Journal of Personality and Social Psychology* 91(6): 1080–1093.

14 可參考 pp. 64–66 of National Research Council (2014). *Convergence: Facilitating*

transdisciplinary integration of life sciences, physical sciences, engineering, and beyond. Washington, DC, The National Academies Press.

15 Keum, D. D. and K. E. See (2017). 'The influence of hierarchy on idea generation and selection in the innovation process.' *Organization Science* 28(4): 653-669.

16 可參考 Herbert, T. T. and R. W. Estes (1977). 'Improving executive decisions by formalizing dissent: The corporate devil's advocate.' *Academy of Management Review* 2(4): 662–667.

17 Greitemeyer, T., S. Schulz-Hardt, F. C. Brodbeck and D. Frey (2006). 'Information sampling and group decision making: The effects of an advocacy decision procedure and task experience.' *Journal of Experimental Psychology*: Applied 12(1): 31.

18 Lim, C., D. Yun, I. Park and B. Yoon (2018). 'A systematic approach for new technology development by using a biomimicry-based TRIZ contradiction matrix.' *Creativity and Innovation Management* 27(4): 414–430.

19 稱為「類比問題解決」（analogical problem solving）。初學者可參考 Holyoak, K. J. (2012). Analogy and relational reasoning. *The Oxford handbook of thinking and reasoning.* K. J. Holyoak and R. G. Morrison. New York, Oxford University Press: 234-259. Kahneman, D. and D. Lovallo (1993). 'Timid choices and bold forecasts: A cognitive perspective on risk taking.' *Management Science* 39(1): 17–31. Gick, M. L. and K. J. Holyoak (1980). 'Analogical problem solving.'

Cognitive Psychology 12(3): 306-355. 也可參考 pp. 99-119 of Epstein, D. (2020). *Range: How generalists triumph in a specialized world,* Pan Books. Lovallo, D., C. Clarke and C. Camerer (2012). 'Robust analogizing and the outside view: Two empirical tests of case-based decision making.' *Strategic Management Journal* 33(5): 496–512.

20 請見 p. 25 of Mason, R. O. and I. I. Mitroff (1981). *Challenging strategic planning assumptions: Theory, cases, and techniques,* Wiley New York.

21 更多具創造力的問題解決技巧，請見 p. 23 of Reeves, M. and J. Fuller (2021). *Imagination machine: How to spark new ideas and create your company's future,* Harvard Business Review Press.

22 關於睡眠之於人體功能（包括創造力）的影響總結，請見 Walker, M (2018). *Why we sleep,* Penguin. 關於睡眠之於思考的更深入研究，請見 Gish, J. J., D. T. Wagner, D. A. Grégoire and C. M. Barnes (2019). 'Sleep and entrepreneurs' abilities to imagine and form initial beliefs about new venture ideas.' *Journal of Business Venturing* 34(6): 105943.

23 探索／利用及最佳化／滿足。諾貝爾經濟學獎得主、美國學者司馬賀（Herbert Simon）結合「滿意」（satisfying）及「滿足」（sufficing）創造了「滿意度」（satisficing）一詞。當我們確定某個方案夠好進而停止尋找其他方案時，就達到滿意度。這與最佳化相悖，因為最佳化意味著持續尋找最好的方案。(Simon, H. A. [1990]. 'Invariants of human behavior.' *Annual*

Review of Psychology 41[1]: 1–20). 人類無窮盡的動力與最佳化有關，但我們永遠無法確定是否窮盡（因為不管我們找到什麼，都還是有其他可能性存在。Cohen, J. D., S. M. McClure and A. J. Yu (2007). 'Should I stay or should I go? How the human brain manages the trade-off between exploitation and exploration.' *Philosophical Transactions of the Royal Society B: Biological Sciences* 362(1481): 933-942. Song, M., Z. Bnaya and W. J. Ma (2019). 'Sources of suboptimality in a minimalistic explore– exploit task.' *Nature Human Behaviour* 3(4): 361-368.

24 Sanborn, A. N. and N. Chater (2016). 'Bayesian brains without probabilities.' *Trends in Cognitive Sciences* 20(12): 883-893.

25 沒有回報的探索，就稱為「秘書問題」（secretary problem）。在探索／利用的矛盾中，當探索無法提供任何回報時，就稱為秘書問題。想像一個搜尋者（雇主）同時面對多個秘書應聘者，搜尋者的目標是找出一個最好的應聘者。每次面試後，搜尋者必須決定是否要聘請該員，如果確定要聘，探索過程就結束；如果搜尋者沒有決定，之後就沒有機會再回頭聘請該員。搜尋者該進行多少次面試才能決定聘請誰？最佳方案的機率是三十七％。搜尋者不該聘請第一位面試者，但是可以藉此調整期望值。接者，在面試前三十七％的應聘者之後，搜尋者應該向第一個比其他應聘者優秀的人提出邀請。在此研究中，參與者一開始無法搜尋這麼久，但之後的實驗裡他們學會延長搜尋時間，請見 Sang, K., P. M. Todd, R. L. Goldstone and T. T. Hills (2020). 'Simple threshold rules solve explore/exploit trade-offs in a resource

accumulation search task.' *Cognitive Science* 44(2): e12817; Seale, D. A. and A. Rapoport (1997). 'Sequential decision making with relative ranks: An experimental investigation of the "secretary problem".' *Organizational Behavior and Human Decision Processes* 69(3): 221-236.

26 一組零碎的方案也可行。洛桑管理學院的近期研討會上，瑞士探險家皮卡德（Bertrand Piccard）稱此為「食人魚解決方案」（piranha solution）。因為每一個解決方案本身都要花很多時間才能完成，但作為「一組」方案，它們非常有用。

27 對於某些問題說（即所謂的「選擇問題」），備選方案理所當然很小且有限；不過對於其他問題，則可能是很大或無限的，就像在設計領域或最佳化時所面對到的問題一樣。(Wallenius, J., J. S. Dyer, P. C. Fishburn, R. E. Steuer, S. Zionts and K. Deb [2008]. 'Multiple criteria decision making, multiattribute utility theory: Recent accomplishments and what lies ahead.' *Management Science* 54[7]: 1336–1349).

28 過多的選項也未必是好事——不論是超市裡的沙拉醬、電子商店裡的立體音響組或可以去上的大學，過多的備選方案有時可能會造成不利的結果，因為我們的精神系統可能會為此超載。更多關於過多選項所造成的負面影響，可參考 Schwartz, B. (2005). *The paradox of choice,* Harper Perennial. Schwartz, B. (2004). *The paradox of choice: Why more is less,* New York, Ecco New York.

29 Martin, R. (1997). 策略選擇結構方式：一組好的選擇可以讓公司獲得競爭優勢。

30 請問我們可以不同意嗎？在某次會議上，通用汽車（General Motors）的最高管理層正在考慮一項艱難的決定，而主席艾爾弗雷德・斯隆（Alfred P. Sloan）做出了最後的結論：「先生們，就當作我們所有人都完全同意這個決定？」語畢，他等著每個人回答確認。「我建議，我們推遲對此事的進一步討論，直到下次會議，以便給每個人有各自的時間來發展不同的想法，或許對這個決定的意義才會有真正的理解。」(Burkus, D. [2013]. 'How criticism creates innovative teams.' *Harvard Business Review Blog.*)

第五章

1 Galef, J. (2021). *The scout mindset: Why some people see things clearly and others don't,* Penguin.

2 Kahneman, D., D. Lovallo and O. Sibony (2019). 'A structured approach to strategic decisions.' *MIT Sloan Management Review* Spring 2019.

3 決策方法有很多種。在追求多個目標時，有許多決策方法可以幫助人們進行選擇，其中「層級分析法」（Analytic Hierarchy Process, AHP）(Saaty, T. L. [1990]. 'How to make a decision: The analytic hierarchy process.' *European Journal of Operational Research* 48(1): 9–26) 被認為是最受歡迎的方法之一。關於層級分析法的更多討論，可參考 Mardani, A., A. Jusoh, K. Nor,

Z. Khalifah, N. Zakwan and A. Valipour (2015). 'Multiple criteria decision-making techniques and their applications: A review of the literature from 2000 to 2014.' *Economic Research-Ekonomska Istraživanja* 28(1): 516–571.

4 複雜問題經常被認為沒有客觀的最佳解決方案，然而這是定義不清所造成的結果，可參考 p. 280 of Hayes, J. R. (1989). *The complete problem solver.* New York, Routledge.

5 這與其他人所列的清單相當一致，例如117–118 and p. 121 of Keeney, R. L. (2007). Developing objectives and attributes. *Advances in decision analysis: From foundations to applications.* W. Edwards, R. F. Miles and D. von Winterfeldt, Cambridge University Press: 104-128. 其他舉例，可參考 p. 50 of; p. 82 of Keeney, R. L. (1992). *Value-focused thinking: A path to creative decision making.* Cambridge, Massachusetts, Harvard University Press.

6 可參考 p. 328 of Edwards, W. (1977). 'How to use multiattribute utility measurement for social decision making.' *IEEE Transactions on Systems, Man, and Cybernetics* 7(5): 326-340.

7 關於如何做出此判斷的更多深入討論，可參考 pp. 40-42 of Goodwin, P. and G. Wright (2014). *Decision analysis for management judgment,* John Wiley & Sons.

8 Bond, S. D., K. A. Carlson and R. L. Keeney (2008). 'Generating objectives: Can decision makers articulate what they want?' *Management Science* 54(1): 56–70.

9 欲了解更多有關這個主題的討論，可參考 pp. 110-113 of Keeney, R. L. (2007). Developing

objectives and attributes. *Advances in decision analysis: From foundations to applications.* W. Edwards, R. F. Miles and D. von Winterfeldt, Cambridge University Press: 104-128.

10 Bond, S. D., K. A. Carlson and R. L. Keeney (2010). 'Improving the generation of decision objectives.' *Decision Analysis* 7(3): 238-255.

11 Klein, G. (2007). 'Performing a project premortem.' *Harvard Business Review* 85(9): 18-19. Soll, J. B., K. L. Milkman and J. W. Payne (2015). 'Outsmart your own biases.' Ibid. 93(5): 64–71.

12 Porter, M. E. (1979). 'How competitive forces shape strategy.' *Harvard Business Review*.

13 請見 p. 98 of Hofstede, G. (2001). *Culture's consequences: Comparing values, behaviors, institutions, and organizations across nations*, Sage Publications.

14 Helmreich, R. L., J. A. Wilhelm, J. R. Klinect and A. C. Merritt (2001). 'Culture, error, and crew resource management.', ibid.

15 請見 p.16 of House,R.J.,P.W. Dorfman, M. Javidan, P.J. Hangesand M. F. S. de Luque (2013). *Strategic leadership across cultures: GLOBE study of CEO leadership behavior and effectiveness in 24 countries*, Sage Publications.

16 Huang, X., E. Van De Vliert and G. Vander Vegt (2005). 'Breaking the silence culture: Stimulation of participation and employee opinion withholding cross-nationally.' *Management*

and Organization Review 1(3): 459–482.

17 請見 p. 106 of Keeney, R. L. (2007). Developing objectives and attributes. *Advances in decision analysis: From foundations to applications*. W. Edwards, R. F. Miles and D. von Winterfeldt, Cambridge University Press: 104-128.

18 相關介紹，請見 Riabacke, M., M. Danielson and L. Ekenberg (2012). 'State-of-the-art prescriptive criteria weight elicitation.' Advances in Decision Sciences 2012. For a good primer on weight assignation, see pp. 44–47 of Goodwin, P. and G. Wright (2014). *Decision analysis for management judgment*, John Wiley & Sons, ibid.

19 Montibeller, G. and D. Von Winterfeldt (2015). 'Cognitive and motivational biases in decision and risk analysis.' *Risk Analysis* 35(7): 1230-1251.

第六章

1 Kahneman, D., D. Lovallo and O. Sibony (2019). 'A structured approach to strategic decisions.' *MIT Sloan Management Review* Spring 2019.

2 雖然這種簡易的「可加性模型」（additive model）非常受歡迎，但當準則並非完全互斥時就會有其局限性。關於這個主題的更多討論，可參考 p. 48, pp. 54–55 of Goodwin, P. and G.

Wright (2014). *Decision analysis for management judgment*, John Wiley & Sons. 關於「多準則決策分析」（multi-criteria decision analysis, MCDA）的討論，可見 Marttunen, M., J. Lienert and V. Belton (2017). 'Structuring problems for multi-criteria decision analysis in Practice: A literature review of method combinations.' *European Journal of Operational Research* 263(1): 1–17.

3 更多相關討論，可見 Lovallo, D. and O. Sibony (2010). 'The case for behavioral strategy.' *McKinsey Quarterly.* 也可見 pp. 103-104 of Chevallier, A. (2016). *Strategic thinking in complex problem solving.* Oxford, UK, Oxford University Press.

4 Nutt, P. C. (2004). 'Expanding the search for alternatives during strategic decision-making.' *Academy of Management Perspectives* 18(4): 13-28.

5 請見 p. 49 of Goodwin, P. and G. Wright (2014). *Decision analysis for management judgment,* John Wiley & Sons.

6 請見 p.62 of Rumelt,R.P.(2011). *Good strategy/bad strategy: The difference and why it matters.*

7 可參考 Lind, E. A., C. T. Kulik, M. Ambrose and M. V. de Vera Park (1993). 'Individual and corporate dispute resolution: Using procedural fairness as a decision heuristic.' *Administrative Science Quarterly*: 224–251.

8 Friestad, M. and P. Wright (1994). 'The persuasion knowledge model: How people cope with

persuasion attempts.' *Journal of Consumer Research* 21(1): 1–31.

9 請見 p. 15 of Martin, R. L. (2009). *The opposable mind: How successful leaders win through integrative thinking*, Harvard Business Press.

10 請見 p. 8 of Riel, J. and R. L. Martin (2017). *Creating great choices: A leader's guide to integrative thinking,* Harvard Business Press.

11 關於馬克斯・賴斯伯克的故事介紹，可見 BMW. (2020). 'The seven generations of the BMW 3 series.' Retrieved 29 July, 2021, from https://www.bmw.com/en/automotive-life/bmw-3-series-generations. html.

12 Riabacke,M.,M. Danielson and L. E kenberg(2012). 'State-of-the-art prescriptive criteria weight elicitation.' *Advances in Decision Sciences* 2012.

13 請見 p. 156 of Poincaré, H. (1905). Science and hypothesis. New York, The Walter Scott Publishing Co., Ltd. See also pp. 124-131, p. 269 of Gauch, H. G. (2003). *Scientific method in practice*, Cambridge University Press.

14 稱為「平面最大值」（flat maximum），請見 p. 51 of Goodwin, P. and G. Wright (2014). *Decision analysis for management judgment*, John Wiley & Sons.

15 Trope, Y. and N. Liberman (2010). 'Construal-level theory of psychological distance.' *Psychological Review* 117(2): 440.

16 關於「由外而內的觀點」（Outside-in Perspective）其價值的討論，也可參考 Kahneman, D.

and D. Lovallo (1993). 'Timid choices and bold forecasts: A cognitive perspective on risk taking.' *Management Science* 39(1): 17-31.

17 可見 Tannenbaum, S. I., A. M. Traylor, E. J. Thomas and E. Salas (2021). 'Managing teamwork in the face of pandemic: Evidence-based tips.' BMJ Quality & Safety 30(1): 59-63. Frazier, M. L., S. Fainshmidt, R. L. Klinger, A. Pezeshkan and V. Vracheva (2017). 'Psychological safety: A meta-analytic review and extension.' *Personnel Psychology* 70(1): 113-165.

18 Edmondson, A. C. and Z. Lei (2014). 'Psychological safety: The history, renaissance, and future of an interpersonal construct.' *Annual Review of Organizational Psychology and Organizational Behavior* 1(1): 23–43.

19 整體觀點的危險性在於其並非獨立思考。想像一下，感恩節前美國農場的火雞（親愛的讀者們，如果你不住在美國，也順便讓你知道一下美國人在感恩節會吃掉很多火雞），牠看到農場主人每天餵牠吃飯，於是可能就會覺得農場主人就是牠的朋友，並期望他會一直餵食牠。火雞或許也會去問問和牠有一樣立場的火雞同伴，而因此也可能得到相同的結論：「沒錯，農場主人每天都餵我們吃飯，所以農場主人是我們的朋友，希望明天還有更多食物！」不幸的是，火雞的真實命運在感恩節的早晨到來。這隻火雞如果能從獨立來源得到資訊、透過多方證據整合意見就好了，例如：農場裡的老火雞——去看看農場裡有沒有老火雞；或是問問農場裡的狗，其他火雞發生什麼事了。關於火雞比喻的更多介紹，請見 pp. 40-42 of

Taleb (2007) 或原著由英國哲學家伯特蘭・羅素（Bertrand Russell）所提出的「羅素的火雞」（Russell's chicken）。無論如何，不幸的是對這些長著羽毛的朋友來說都沒有好結局。如果上述火雞說明了歸納法有其偏誤的風險，那麼英國統計學家高爾頓（Francis Galton）的「猜猜牛有多重」，有助於證明匯集各種獨立的意見可以如何減少分歧。在一個農場市集上，高爾頓請七百七十八名村民估計一頭牛的重量。儘管沒有人猜出正確答案，但平均值接近完美（實際重量為一千一百九十八磅，而眾人的估計平均值為一千兩百零七磅），Galton, F. (1907). 'Vox populi.' Nature 75: 450–451. 其後，有另外一個附加實驗證實了只有當代理人的準確性相對相似時，結合獨立代理人的意見才能優於最佳獨立代理人的意見。Kurvers, R. H., S. M. Herzog, R. Hertwig, J. Krause, P. A. Carney, A. Bogart, G. Argenziano, I. Zalaudek and M. Wolf (2016). 'Boosting medical diagnostics by pooling independent judgments.' *Proceedings of the National Academy of Sciences* 113(31): 8777–8782.

20 這是綜合分析（meta-analyses）背後的原則，儘管不完美，但提供了證據品質的絕佳準則，可參考 Stegenga, J. (2011). 'Is meta-analysis the platinum standard of evidence?' *Studies in history and philosophy of science part C: Studies in History and Philosophy of Biological and Biomedical Sciences* 42(4): 497–507. Greco, T., A. Zangrillo, G. Biondi-Zoccai and G. Landoni (2013). 'Meta-analysis: Pitfalls and hints.' *Heart, Lung and Vessels* 5(4): 219.

21 Wallsten, T. S. and A. Diederich (2001). 'Understanding pooled subjective probability estimates.'

Mathematical Social Sciences 41(1): 1–18. Johnson, T. R., D. V. Budescu and T. S. Wallsten (2001). 'Averaging probability judgments: Monte Carlo analyses of asymptotic diagnostic value.' *Journal of Behavioral Decision Making* 14(2): 123–140.

第七章

1 Burgelman, R. A., M. Sutherland and M. H. Fischer (2019). BoKlok's Housing for the Many People: On-the-Money Homes for Pinpointed Buyers. *Stanford Case SM298A.*

2 請見 p. 102 of Porter, M. E. (1991). 'Towards a dynamic theory of strategy.' *Strategic Management Journal* 12(S2): 95–117.

3 Porter, M. E. (1996). 'What is strategy?' *Harvard Business Review.*

4 請見 pp. 86–87 of Rumelt, R. P. (2011). *Good strategy/bad strategy: The difference and why it matters.*

5 Hambrick, D. C. and J. W. Fredrickson (2001). 'Are you sure you have a strategy?' *Academy of Management Executive* 15(4): 48-59.

6 請見 pp. 14–44 of Osterwalder, A. and Y. Pigneur (2010). *Business model generation: A handbook for visionaries, game changers, and challengers*, John Wiley & Sons.

7關於架構的更多案例，請見 Planellas, M. and A. Muni (2020). Strategic decisions. Cambridge, Cambridge University Press. Also pp. 72–74 of Chevallier, A. (2016). *Strategic thinking in complex problem solving.* Oxford, UK, Oxford University Press. 也可見 pp. 109-111 of Baaij, M. and P. Reinmoeller (2018). *Mapping a winning strategy: Developing and executing a successful strategy in turbulent markets*, Emerald Group Publishing.

8可參考 Grönroos, C. (1997). 'From marketing mix to relationship marketing-towards a paradigm shift in marketing.' *Management Decision* 35(4).

第八章

1可參考 Bartunek, J.M. (2007). 'Academic-practitioner collaboration need not require joint or relevant research: Toward a relational scholarship of integration.' *Academy of Management Journal* 50(6): 1323-1333. Stucki, I. and F. Sager (2018). 'Aristotelian framing: Logos, ethos, pathos and the use of evidence in policy frames.' *Policy Sciences* 51(3): 373–385.

2人格真的有用嗎?·有些雄辯者認為從長遠看來，訴諸人格能產生重要影響。(Bartunek, J. M. [2007]. 'Academic-practitioner collaboration need not require joint or relevant re search: Toward a relational scholarship of integration.' *Academy of Management Journal* 50[6]: 1323-1333.).

但有些研究發現影響程度不如預期 (Hample, D. and J. M. Hample [2014]. 'Persuasion about health risks: evidence, credibility, scientific flourishes, and risk perceptions.' *Argumentation and Advocacy* 51[1]: 17–29.).

3 請見 p. xviii of Rosenzweig, P. (2007). *The halo effect ... and the eight other business delusions that deceive managers*, Free Press.

4 沒錯「情感」大於「邏輯」。舉一個不幸的例子，一個和諧、有邏輯的論述，往往輸給偏向情緒面的傳聞，請見 Moore, D. A. (2021). 'Perfectly confident leadership.' *California Management Review* 63(3): 58-69.

5 請見 p. xi of Haidt, J. (2006). *The happiness hypothesis: Finding modern truth in ancient wisdom*, Basic Books.

6 我要和「這個人」並肩而行走。關於如何在得出結論前就先開始評估方案的例子，請見美國國務卿柯林・鮑爾（Colin Powell）在二〇〇八年美國總統大選時，選擇支持歐巴馬（Obama）的過程。在影片中，身為共和黨人的鮑威爾並沒有從結論開始描述，相反地，他在前六分鐘使用明確的準則來評估歐巴馬和麥肯（McCain）的特質，評估完之後，他才得出結論，表示歐巴馬是更有前途的候選人。(Glaister, D. (2008). Colin Powell endorses Barack Obama for president. The Guardian) Video available at: https://www.youtube.com/watch?v=b2U63fXBlFo.

7 Seo, M.-G. and L. F. Barrett (2007). 'Being emotional during decision making—good or bad? An

empirical investigation.' *Academy of Management Journal* 50(4): 923–940. 關於情緒作用的相關介紹，可見 Bartunek, J. M. Ibid. 'Academic-practitioner collaboration need not require joint or relevant research: Toward a relational scholarship of integration.' (6): 1323–1333.

8 Arthur, C. (2011). Nokia's chief executive to staff: 'we are standing on a burning platform. *The Guardian*.

9 請見 Cialdini, R. B. (2001). 'The science of persuasion.' *Scientific American* 284(2): 76-81. Cialdini, R. B. and N. J. Goldstein (2002). 'The science and practice of persuasion.' *Cornell Hotel and Restaurant Administration Quarterly* 43(2): 40-50.

10 請見 pp. 128-149 of Block, P. (2017). *The empowered manager: Positive political skills at work.* Hoboken, New Jersey, John Wiley & Sons.

11 Lynn, M. (1991). 'Scarcity effects on value: A quantitative review of the commodity theory literature.' *Psychology & Marketing* 8(1): 43-57.

12 關於「損失規避」（Loss Aversion），可參考 pp. 731-732 of Adler, R. S. (2005). 'Flawed Thinking: Addressing Decision Biases in Negotiation.' *Ohio St. J. on Disp. Resol.* 20: 683, Arceneaux, K. (2012). 'Cognitive biases and the strength of political arguments.' *American Journal of Political Science* 56(2): 271–285.

13 Tannenbaum, S. I., A. M. Traylor, E. J. Thomas and E. Salas (2021). 'Managing teamwork in the

face of pandemic: evidence-based tips.' *BMJ Quality & Safety* 30(1): 59–63.

14 關於心理安全的深入探討，可見 Edmondson, A. (2019). *The fearless organization*, Wiley.

15 關於成長心態概念的更深入探討，請見 Carol, D. (2007). *Mindset*, Ballantine Books. 關於支持成長心態的研究實證，可見 eager, D. S., P. Hanselman, G. M. Walton, J. S. Murray, R. Crosnoe, C. Muller, E. Tipton, B. Schneider, C. S. Hulleman, C. P. Hinojosa, D. Paunesku, C. Romero, K. Flint, A. Roberts, R. Iachan, J. Buontempo, S. Man Yang, C. M. Carvalho, P. R. Hahn, M. Gopalan, P. Mhatre, R. Ferguson, A. L. Duckworth and C. S. Dweck (2019). 'A national experiment reveals where a growth mindset improves achievement.' *Nature* 573(7774): 364–369.

16 Bransford, J. D. and M. K. Johnson (1972). 'Contextual prerequisites for understanding: Some investigations of comprehension and recall.' *Journal of Verbal Learning and Verbal Behavior* 11(6): 717–726.

17 可參考 pp. 63-97 of Heath, C. and D. Heath (2007). *Made to stick: Why some ideas survive and others die*. New York, Random House.

18 De Smet, A., G. Jost and L. Weiss (2019). 'Three keys to faster, better decisions.' *The McKinsey Quarterly*.

19 請見 pp. 11-12 of French, S., J. Maule and N. Papamichail (2009). *Decision behaviour, analysis and support*, Cambridge University Press.

20 De Smet, A., G. Jost and L. Weiss (2019). 'Three keys to faster, better decisions.' *The McKinsey Quarterly*. 也可見 Rogers, P. and M. Blenko (2006). 'Who has the D.' *Harvard Business Review* 84(1): 52-61.

21 我們參考安德魯・阿貝拉（Andrew Abela）的「從／到矩陣」概念所發展而來，他稱之為「從－到／想－做」（From-to/Think-Do）矩陣，請見 pp. 29-34 of Abela, A. (2008). *Advanced presentations by design: Creating communication that drives action*, John Wiley & Sons.

22 賈伯斯引述自 p. 13 of Rumelt, R. P. (2011). *Good strategy/bad strategy: The difference and why it matters.*

23 Gaertig, C. and J. P. Simmons (2018). 'Do people inherently dislike uncertain advice?' *Psychological Science* 29(4): 504–520.

第九章

1 有人要來杯濃縮咖啡嗎？雖然缺乏睡眠會損害決策能力，不過看來咖啡因可以減緩這些負面影響。請參考 Killgore, W. D., G. H. Kamimori and T. J. Balkin (2011). 'Caffeine protects against increased risk-taking propensity during severe sleep deprivation.' *Journal of Sleep*

Research 20(3): 395-403.

2 這可不僅僅是「美容覺」。在托里谷意外中可能就是船長魯加帝缺乏睡眠，導致他不願意調整思維。實驗結果顯示，在許多事情上一旦缺乏睡眠就可能要承擔不夠理性的風險。請見 Barnes, C. M. and N. F. Watson (2019). 'Why healthy sleep is good for business.' *Sleep Medicine Reviews* 47: 112-118. See Chauvin, C. (2011). 'Human factors and maritime safety.' *The Journal of Navigation* 64(4): 625. Harford, T. (2019). Brexit lessons from the wreck of the Torrey Canyon. *Financial Times.* Rothblum, A. M. (2000). *Human error and marine safety. National Safety Council Congress and Expo,* Orlando, FL.

3 Bourgeon, L., C. Valot, A. Vacher and C. Navarro (2011). *Study of perseveration behaviors in military aeronautical accidents and incidents: Analysis of plan continuation errors.* Proceedings of the Human Factors and Ergonomics Society annual meeting, SAGE Publications Sage CA: Los Angeles, CA.

4 可參考 p. 764 of Miranda, A. T. (2018). 'Understanding human error in naval aviation mishaps.' *Human Factors* 60(6): 763-777.

5 Winter, S. R., S. Rice, J. Capps, J. Trombley, M. N. Milner, E. C. Anania, N. W. Walters and B. S. Baugh (2020). 'An analysis of a pilot's adherence to their personal weather minimums.' *Safety Science* 123: 104576.

6 Winter, S. R., S. Rice, J. Capps, J. Trombley, M. N. Milner, E. C. Anania, N. W. Walters and B. S. Baugh (2020). 'An analysis of a pilot's adherence to their personal weather minimums.' *Safety Science* 123: 104576.

7 英文原文：Uncertainty is an uncomfortable position, but certainty is an absurd one.

8 可參考 Office of the Director of National Intelligence (2015). Analytic standards. Intelligence community directive 203. Dhami, M. K. and D. R. Mandel (2021). 'Words or numbers? Communicating probability in intelligence analysis.' *American Psychologist* 76(3): 549. Beyth-Marom, R. (1982). 'How probable is probable? A numerical translation of verbal probability expressions.' *Journal of Forecasting* 1(3): 257-269. Wintle, B. C., H. Fraser, B. C. Wills, A. E. Nicholson and F. Fidler (2019). 'Verbal probabilities: Very likely to be somewhat more confusing than numbers.' *PloS One* 14(4): e0213522. 也可參考 pp. 25-26 of National Research Council (2006). *Completing the forecast: Characterizing and communicating uncertainty for better decisions using weather and climate forecasts,* National Academies Press, Office of the Director of National Intelligence (2015). Analytic standards. Intelligence community directive 203. 以及 pp. 84-85 of National Research Council (2011). *Intelligence analysis: behavioral and social scientific foundations.* Washington, DC, National Academies Press.

9 Friedman, J. (2020). 機率心態和溝通可以提高分析的嚴謹性。

10 Feynman, R. P. (1974). 'Cargo Cult Science.' *Engineering and Science* 37(7): 10-13.

11 對你身為經理一職的另一種看法。我們認為身為經理，你的工作不是消除不確定性，而是管理不確定性。美國管理學者羅傑・馬丁（Roger Martin）的說法略有不同：「目標不是消除不確定性，而是增加成功的幾率」（Martin 2014）。

12 這與必要決策模型的想法有關：當模型能夠提供足夠的指導來決定行動方案時，模型就被認為是必要存在的。Phillips, L. D. (1984). 'A theory of requisite decision models.' *Acta Psychologica* 56(1-3): 29-48. 也可參考 pp. 55-56 of Goodwin, P. and G. Wright (2014). *Decision analysis for management judgment,* John Wiley & Sons.

13 關於如何避免組織決策遇到瓶頸的討論，可參考 Rogers, P. and M. Blenko (2006). 'Who has the D.' *Harvard Business Review* 84(1): 52-61.

14 失敗是成功必不可或缺的一部分。關於如何以積極的方式應對失敗的討論，請參考 pp. 160-164 of Milkman, K. (2021). *How to change: The science of getting from where you are to where you want to be.* London, Vermilion.

15 關於組織如何重新平衡風險組合的實務建議，請參考 Lovallo, D., T. Koller, R. Uhlaner and D. Kahneman (2020). 'Your company is too risk averse: Here's why and what to do about it.' *Harvard Business Review* 98(2): 104-111.

16 關於信心程度調整的更多介紹，可參考 Moore, D. A. (2021). 'Perfectly confident leadership.'

California Management Review 63(3): 58-69.

17 請見 Chapter 4 of Grant, A. (2021). *Think again: The power of knowing what you don't know.* New York, Viking.

18 請見 Frese, M. and N. Keith (2015). 'Action errors, error management, and learning in organizations.' *Annual Review of Psychology* 66: 661-687.

19 Tannenbaum, S. I. and C. P. Cerasoli (2013). 'Do team and individual debriefs enhance performance? A meta-analysis.' *Human Factors: The Journal of the Human Factors and Ergonomics Society* 55(1): 231–245.

20 同上。

21 請見 p. 65 of Tullo, F. J. (2010). Teamwork and organizational factors. *Crew resource management,* Second edition. Barbara Kanki, Robert Helmreich and J. Anca. London, Elsevier: 59-78.

22 Camuffo, A., A. Cordova, A. Gambardella and C. Spina (2020). 'A scientific approach to entrepreneurial decision making: Evidence from a randomized control trial.' *Management Science* 66(2): 564-586.

23 van Gelder, T. (2014). Do you hold a Bayesian or a Boolean worldview? *The Age*. Melbourne.

24 Nussbaumer, H. (2014). 'Einstein's conversion from his static to an expanding universe.' *The*

European Physical Journal H 39(1): 37-62.

25 Bang, D. and C. D. Frith (2017). 'Making better decisions in groups.' *Royal Society Open Science* 4(8): 170193.

26 Edmondson, A. and P. Verdin (2017). 'Your strategy should be a hypothesis you constantly adjust.' *Harvard Business Review*.

27 Gregersen, H. (2021). 'When a leader like Bezos steps down, can innovation keep up?' *Sloan Management Review.*

28 The Telegraph (2018). Sir Richard Branson: The business of risk. From https://www.youtube.com/watch?v=-49524mB49520gY.

29 Aldrich, S. (2010). Kurt Vonnegut's Indianapolis. *National Geographic.*

30 McEwan, D., G. R. Ruissen, M. A. Eys, B. D. Zumbo and M. R. Beauchamp (2017). 'The effectiveness of teamwork training on teamwork behaviors and team performance: A systematic review and meta-analysis of controlled interventions.' *PloS One* 12(1): e0169604.

31 無能又無知，人們往往會高估自己在許多社交和知識上的能力。請見 Kruger, J. and D. Dunning (1999). 'Unskilled and unaware of it: How difficulties in recognizing one's own incompetence lead to inflated self-assessments.' *Journal of Personality and Social Psychology* 77(6): 1121.

32 Clearer Thinking. (2021). 'Make better decisions.' Retrieved 30 July, 2021, from https://www.clearerthinking.org.

33 可參考 pp. 52-53 of National Research Council (2011). *Intelligence analysis for tomorrow: Advances from the behavioral and social sciences.* Washington, DC, National Academies Press.

34 關於有效實用的確認清單範本，可參考 Gawande, A. (2007). The checklist. 更多深入討論，可見 Gawande, A. (2009). *The checklist manifesto.* New York, Picador.

35 不要根據結果下判斷；以「結果」而非「過程」來評估決策的方式，被稱為「結果偏誤」（outcome bias）或「結果論」（resulting），更多相關討論，可見 Baron, J. and J. C. Hershey (1988). 'Outcome bias in decision evaluation.' *Journal of Personality and Social Psychology* 54(4): 569; 以及 pp. 1-24 of Duke, A. (2020). *How to decide: Simple tools for making better choices,* Penguin.

36 關於心智模型的詳細介紹與實際操作方法，可參考 Martin, R. L. (2009). *The opposable mind: How successful leaders win through integrative thinking,* Harvard Business Press.

37 Fitzgerald, F. S. (1936). The crack-up. *Esquire.*

延伸閱讀

《決斷的演算》（*Algorithms to live by*, Christian and Griffiths 2016）介紹了如何應用電腦科學的原理，幫助人們做出專業和個人決策。

《逆思維》（*Think again*, Grant 2021）介紹了來自社會科學的實用概念，有助人們在處理不確定性時保持開放的心態。

《零偏見決斷法》（*Decisive*, Heath and Heath 2013）以社會科學的角度總結出一個富有洞察力的框架，以便人們在做出艱難決定時能避開心理陷阱。

《給自己一點動力》（直譯，*Give yourself a nudge,* Keeney 2020）提出許多能改善決策方式的具體作法，特別是在準則上。

《完美信心》（直譯，*Perfectly confident,* Moore 2020）提供實用的概念來檢驗假設並進行機率思考。

《跨能致勝》（*Range*, Epstein 2020）認為跨領域是有價值的，並提供了令人信服的證據，即顯而易見的事情不一定可取。

《超級預測》（*Superforecasting*, Tetlock and Gardner 2015）使用實證研究結果來確立當人們在應對不確定狀況時，該如何具體行動。

《你問對問題了嗎？》（*What's your problem?*, Wedell-Wedellsborg 2020）深入探討框架問題此一步驟，並提供許多實用且引人入勝的概念，有助我們做出更好的問題框架。

其他參考資料

National Research Council (2015). *Measuring human capabilities: An agenda for basic research on the assessment of individual and group performance potential for military accession.* Washington, DC, National Academies Press.

Scopelliti, I., et al. (2015). 'Bias blind spot: Structure, measurement, and consequences.' *Management Science* 61(10): 2468–2486.

Ehrlinger, J., et al. (2016). 'Understanding overconfidence: Theories of intelligence, preferential attention, and distorted self-assessment.' *Journal of Experimental Social Psychology* 63: 94–100.

謝辭

雖然只有我們的名字被印在封面上，但這本書是在許多傑出人士的幫助之下才得以完成。我們誠摯地感謝我們的高階主管課程的學員、顧問、共同作者、同事，以及許多幫助我們少犯點錯（希望我們有）的人。

關於這本書的問世過程，我們要特別感謝 Friederike Hawighorst，她非常擅於核查事實，讓我們毫無喘息的空間！她用非常鼓舞人心的方式，煞費苦心地質疑我們每個假設。Friederike，真的非常感謝妳的努力，同時我們迫不及待聽見妳成功的好消息——我們會第一時間告訴大家，我們很早以前就認識妳了！

洛桑管理學院是很獨特的沙盒（sandbox），是理想世界（學術界）與現實世界（管理學）的交會處，讓我們能激發想法、啟迪思考，在以經驗為依據的環境下持續測試它，這讓我們的工作變得空前有趣。事實上，如果要再更有趣的話，我們就要被迫放棄薪水了。

洛桑管理學院獨特的 DNA 源自一群多元、有趣、聰明的人一起工作，再加上還有我們兩個——要是我們有這些人一半的天賦就好了。在此我們要感謝許多同事，特別是Jean-Louis Barsoux、Cyril Bouquet、Christos Cabolis、Dominik Chahabadi、Antoine Chocque、Frédéric Dalsace、Lisa Duke、Delia Fischer、Susan Goldsworthy、Lars Haggstrom、Paul Hunter、Tawfik Jelassi、Amit Joshi、Blandine Malhet、Jean-François Manzoni、Alyson Meister,、Anand Narasimhan、Kiyan Nouchirvani、Francis Pfluger、Patrick Reinmöller、Karl Schmedders、Dominique Turpin、Michael Watkins。另外，我們要獻上直接（來自阿爾布雷特）和間接（來自阿爾諾）的特別感謝給Phil Rosenzweig，他介紹我們來到洛桑，在我們任職期間扮演著嚴謹教學的楷模，在書稿階段就提供深刻的見解，總是激勵我們成為更好的思考者與教育者。

我們的計畫參與者對本書的大綱和內容，做出了極大的貢獻，因此，我們非常感謝參與其中的每一個人，包括工商管理碩士課程、高階主管在職專班、進階策略管理、進階管理概念、全球管理基礎課程、提升商業領導力課程、設計致勝領導力課程、解決複雜問題課程。

我們從無數學術界、商業界人士中獲益良多，透過電子信件往來、聯合教學、晚餐對話、湖邊漫步、看完草稿後的真心反饋，我們想向他們表達誠摯的謝意：Max Bazerman、Jeff Friedman、Marc Gruber、Dirk Hoke、Jouko Karvinen、Philip Meissner、Gilles Morel、

Fred Oswald、Martin Reeves、Denise Rousseau、Richard Rumelt、Ian Charles Stewart、Phil Tetlock、Tim van Gelder、Thomas Wedell-Wedellsborg、Torsten Wulf。

除此之外，還有一些人也幫助我們改進了處理大大小小複雜問題的方法，非常感謝 TJ Farnworth、Øystein Fjeldstad、Harald Hungenberg、Thomas Hutzschenreuter、Ajay Kohli、Michael Kokkolaras、Andreas König、François Modave、Paula Sanders、Pol Spanos、Siri Terjesen、Petros Tratskas、Michael Widowitz，與我們分享解決困難問題的深度見解。

同樣感謝英國培生教育出版社（Pearson Education）的員工，與洛桑管理學院公關團隊，讓這本書得以問世。

最後，我們獻上最深的感謝給我們的大家庭——在德國、法國、美國的家人，謝謝他們的愛、建議、耐心、幽默與這段旅程中的支持。在 FrED 不讓我們和家人共度無數的夜晚、週末、假期時，他們始終包容我們。現在 FrED 已經問世了，我們希望能向他們展現出同等的支持之心，我們的生命因你們而更加美好——謝謝你們！